PETIT TRAITÉ

D'ARITHMÉTIQUE

DE L'IMPRIMERIE DE CRAPELET,
RUE DE VAUGIRARD, 9.

PETIT TRAITÉ
D'ARITHMÉTIQUE

COMPOSÉ

D'APRÈS LES MEILLEURS AUTEURS

ET ACCOMPAGNÉ D'UN

NOUVEAU SYSTÈME DE NUMÉRATION

PAR

MADAME A.-G. DE THY.

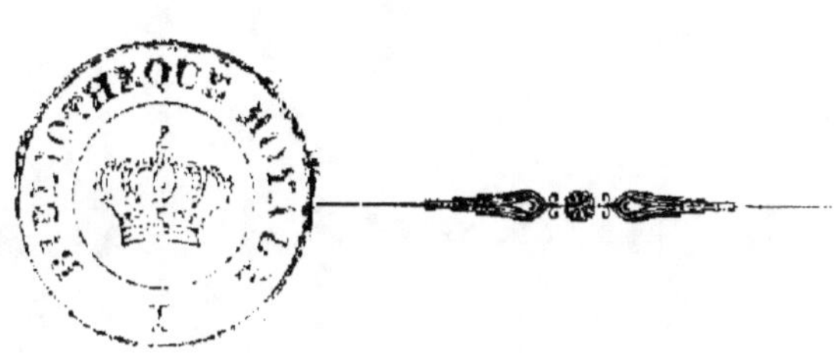

PARIS

LIBRAIRIE DE L. HACHETTE

12, RUE PIERRE-SARRAZIN

1844

AVERTISSEMENT.

—

Il sera utile de faire apprendre par cœur aux élèves (en accordant une année à ceux qui sont jeunes encore) ce petit ouvrage, qui ne les dispensera pas d'un professeur, et qui les préparera à comprendre les ouvrages des savants auteurs que j'ai dû consulter.

Je serais heureuse si je pouvais contribuer en quelque chose aux progrès que Dieu ne défend pas, quand on n'est pas trop téméraire, et quand ces progrès ont pour but l'utilité publique.

Mon système de numération me semble se rattacher à tout ce qu'il y a de vrai dans la nature; je ne crois pas pour cela avoir inventé l'unité, mais je crois avoir fait quelque chose en simplifiant le système qui a pour base l'unité.

———

TABLE.

SIGNES D'ABRÉVIATION :

$=$ Égal à.

$+$ Plus.

$-$ Moins.

$\times$ Multiplié par.

$-$ Divisé par.

: Est à.

:: Comme.

ARITHMÉTIQUE.

L'arithmétique est la science des nombres, ou c'est l'art de calculer à l'aide des chiffres.

Chiffre veut dire forme ou figure.

On représente tous les nombres possibles sous la forme de ces dix chiffres : 1, 2, 3, 4, 5, 6, 7, 8, 9, 0.

Je ne dirai point que le chiffre nommé zéro n'a aucune valeur seul, d'après mon système de numération ; car il contient et représente dix fois l'unité qui elle-même est représentée par un très-petit zéro ; mais, comme je ne prétends point changer le système de numération actuel, et que le mien sera seulement un tableau pour servir d'aide à la mémoire des jeunes élèves, je dirai que :

La figure zéro n'a aucune valeur seule, ou ne représente aucun nombre seule, mais qu'elle est indispensable pour former la dizaine, la centaine, etc. ; et elle sert aussi à remplacer les chiffres qui manquent dans un nombre. Ainsi, dans 120 il y a une centaine, deux dizaines et zéro unité.

Il est possible qu'on puisse, comme disent quelques-uns, remplacer le zéro par quoi que ce soit, mais je ne pense pas que son remplaçant figurerait mieux que lui ; je crois donc qu'il sera conservé dans l'enseignement pour ceux qui ne courent pas après la nouveauté simplement pour le plaisir de changer.

Le chiffre, par sa forme, représente le nombre et le nombre détermine l'unité ; il n'y a pas de nombres sans unités exprimées ou sous-entendues, ni sans quantité ; donc, la quantité est dans le nombre ainsi que l'unité, et c'est faute d'y avoir pensé que l'élève se trouve souvent embarrassé : c'est pourquoi il faut qu'il comprenne, autant que possible, le sens des mots avant de chercher à comprendre les opérations. Ainsi, puisqu'une quantité est tout ce qui est susceptible d'augmentation et de diminution, comme les poids, les mesures, etc., quand je dis 2 livres, 3 mètres, 5 litres, 2, 3, 5, sont les nombres ; livres (poids), mètres, litres, sont les unités qui contiennent la quantité ; et, comme je ne puis augmenter le nombre sans augmenter l'unité, ni augmenter l'unité sans augmenter la quantité, ces trois mots sont inséparables. (On dit aussi l'unité de nombres.)

Il y a plusieurs sortes de nombres.

On appelle nombre entier celui qui détermine ou qui contient l'unité une ou plusieurs fois exactement, c'est-à-dire sans fractions ou parties de l'unité, comme : 2 livres, 3 mètres, 5 litres ; et quand on écrit séparément 2, 3, 5, ou tout autre nombre entier, on les nomme nombres entiers abstraits, parce que l'on fait abstraction des unités livres, mètres, litres, ou de toute autre unité.

Au contraire, quand le nombre détermine l'unité,

comme dans ces exemples : 2 livres, 3 mètres, 5 litres, etc., on les nomme nombres entiers concrets ; le nombre concret est donc celui dont la nature de l'unité de chose est déterminée.

Ainsi, on peut dire que dans l'arithmétique il y a trois sortes d'unités : l'unité de nombre, l'unité de chose, et l'unité de personne.

On appelle aussi nombre simple celui ou ceux qui déterminent un ou plusieurs nombres entiers concrets, comme : 4 mètres, 3 heures, 10 lieues, et nombre composé celui ou ceux qui représentent un ou plusieurs nombres entiers, mais accompagnés de parties d'unités et de subdivisions de ces parties, comme 3 mètres, plus 4 décimètres, plus 6 centimètres, etc.

On appelle nombre fractionnaire celui qui détermine ou contient une ou plusieurs unités accompagnées de fractions.

Un nombre qui représente une ou plusieurs parties de l'unité se nomme fraction.

On appelle nombre décimal celui qui représente une ou plusieurs parties moindres que l'unité, évaluées en dixièmes, centièmes, millièmes, etc.

On rend un nombre entier dix fois plus grand si on place à sa droite un zéro, cent fois plus grand si on en place deux, mille fois plus grand, si on en place trois, etc.; exemple : 10, 100, 1 000. Mais on ne change point la valeur d'un nombre décimal quand on place à sa droite un nombre quelconque de zéros, parce que si, dans un nombre décimal comme 0 6, par exemple, le 6 ne représentant que des dixièmes , je place un zéro à sa droite 0 60, j'aurai 60 centièmes ; or , 6 dixièmes ou 60 centièmes représentent la même quantité et ne diffèrent que dans le nombre , les parties seulement sont dix fois plus petites si on ajoute un zéro , cent fois plus petites si on en ajoute deux , mille fois plus petites si on en ajoute trois , etc. Ainsi , dans le calcul décimal , qui ne représente que des parties d'unité, on peut augmenter le nombre sans augmenter la quantité.

Maintenant , avant de faire connaître la manière d'exécuter les différentes opérations de l'arithmétique , je dirai quelque chose sur la numération.

Il n'y a point de grandeur absolue.

Un est l'unité de nombre ; en ajoutant une seconde unité, on est convenu de lui donner le nom de deux ; en ajoutant encore une unité , on a dit trois ; et en ajoutant toujours seulement une unité au dernier nombre, on est arrivé jusqu'à neuf : c'est la numération parlée ; mais , chacun de ces mots étant exprimés par plusieurs lettres, on a inventé une écriture abrégée, 1, 2, 3, 4, 5, 6, 7, 8, 9 : c'est la numération écrite ; ces nombres représentés ainsi sont ce qu'on appelle les unités simples ou les unités du premier ordre.

Pour compléter la nomenclature des nombres entiers , il a fallu un dixième caractère qu'on a nommé zéro ; nous ne pouvons pas former de dizaines sans cette dernière figure.

Pour additionner les unités simples , c'est-à-dire les unités du premier ordre , le zéro n'est point nécessaire (toujours d'après le système usité) ; mais il est nécessaire quand on a additionné l'unité simple neuf fois, pour obtenir une dizaine ou une unité du second ordre ; ensuite on a recommencé à ajouter à cette nouvelle unité, un, deux, trois, jusqu'à neuf ; mais, au lieu de dire, dix un, dix deux, dix trois, dix quatre ; dix cinq, dix six, on a fini par dire : onze, douze, treize, quatorze, quinze, seize, etc.

Arrivé à dix-neuf, pour représenter deux dizaines, on a dit vingt qu'on a écrit ainsi 20, et qui semble dire 2 fois 0.

Puisque le zéro sert à former toutes les dizaines possibles, on obtiendra par son aide des nombres à l'infini, et, chaque fois que nous additionnerons de nouveau les unités simples, ou du premier ordre, en ajoutant toujours un jusqu'à neuf, nous formerons une nouvelle dizaine, ou une nouvelle unité du deuxième ordre, en l'augmentant toujours d'un, c'est-à-dire comme nous avons fait pour les unités du premier ordre, et nous écrirons 20 pour deux dizaines, 30 pour trois dizaines, 40 pour 4 dizaines, etc., et quand nous avons additionné les dizaines en ajoutant toujours jusqu'à neuf, comme nous avons fait pour les unités du premier ordre, ces dix dizaines ou unités du deuxième ordre, additionnées ensemble, forment une nouvelle unité appelée centaine ou unité du troisième ordre.

On continue en additionnant les unités du troisième ordre comme on a additionné les unités simples du premier ordre et les unités de dizaines du deuxième ordre ; c'est-à-dire en ajoutant toujours un au dernier nombre jusqu'à neuf, et on obtient le nombre mille que l'on nomme unité du quatrième ordre.

Pour obtenir le nombre mille, nous avons fait beaucoup d'additions et beaucoup de multiplications, car il a fallu ajouter l'unité simple neuf fois à lui-même, puis ajouter l'unité du deuxième ordre neuf fois à lui-même, ensuite ajouter l'unité du troisième neuf fois à lui-même, et en additionnant et multipliant toujours ainsi, c'est-à-dire par unités simples, par dizaines, par centaines, par mille, etc., on obtient une nouvelle unité d'un ordre supérieur.

Puis on est convenu de dire que, lorsque plusieurs chiffres sont écrits les uns à la suite des autres, le premier chiffre à droite exprime des unités simples, le chiffre immédiatement à gauche exprime des unités de dizaines, ou simplement des dizaines, le troisième exprime des unités de centaines, le quatrième des unités de mille, le cinquième des unités composées de dizaines de mille, etc., etc. Mais je ne dirai pas à l'élève que, si on place un chiffre quelconque à la gauche d'un autre, ce chiffre vaut dix fois plus que le chiffre qui est à sa droite ; car, si je place un 4 à la gauche d'une unité simple, ce 4 ne vaut pas seulement dix fois plus que l'unité simple, mais il vaut une dizaine de plus, laquelle dizaine est multipliée par quatre ; donc, je dirai à l'élève que plus les unités de chaque ordre de son addition seront grandes ou multipliées, plus la somme totale sera grande.

On pourra donc représenter tous les nombres à l'aide des caractères suivants : 1, 2, 3, 4, 5, 6, 7, 8, 9, 0.

Représentés ainsi et considérés séparément, ces chiffres n'ont qu'une valeur absolue; ce sont des nombres abstraits qui n'ont pas encore été mis en rapport avec l'unité.

Les chiffres significatifs, c'est-à-dire tous les chiffres excepté le zéro, ont deux espèces de valeur: la valeur absolue qui n'est autre chose que celle du chiffre considéré seul, et la valeur relative, qui est celle que le chiffre acquiert d'après la place qu'il occupe à la gauche d'autres chiffres.

Donc, si nous voulons former un nombre des dix caractères, nous les partagerons en tranches de trois chiffres en commençant par la droite, et nous les énoncerons en commençant par la gauche, comme on les écrit en commençant par la gauche :

$$1\ 234\ 567\ 890,$$

et on dira : un billion, deux cent trente quatre millions, cinq cent soixante sept mille, huit cent quatre-vingt-dix.

Dans le premier cas, ces dix chiffres représentent des nombres entiers abstraits n'ayant qu'une valeur absolue; dans le second cas, ce sont des nombres entiers abstraits, soumis à la valeur relative.

CHAPITRE I.

SUR LES NOMBRES ENTIERS.

—

Quand l'élève a appris par cœur la table de multiplication, il sait ce que c'est qu'additionner et multiplier ; il comprend donc déjà ces deux opérations ; mais, pour qu'il puisse le prouver par la pratique, je vais lui mettre sous les yeux le plus clairement possible tout ce qui me semble susceptible de l'embarrasser.

Les divers changements que l'on fait subir aux nombres pour les composer et les décomposer s'appellent opérations arithmétiques.

Il y en a quatre fondamentales :

L'addition, la soustraction, la multiplication et la division.

On les appelle fondamentales, parce que les autres opérations, même les plus compliquées, ne sont que la combinaison de celles-là.

L'addition est une opération par laquelle on joint ensemble des nombres exprimant des unités de même nature pour en faire un seul qu'on appelle somme ou total.

La soustraction est une opération par laquelle on retranche un nombre d'un autre nombre pour connaître de combien le plus grand surpasse le plus petit ; le résultat se nomme reste.

La multiplication est une opération par laquelle on répète un nombre nommé multiplicande autant de fois qu'il y a d'unités dans un autre nombre appelé multiplicateur ; le résultat se nomme produit, et les deux termes qui servent à former le produit portent le nom de facteurs du produit.

La division est une opération par laquelle on cherche à connaître combien de fois un nombre appelé dividende contient un autre nombre appelé diviseur, et le nombre de fois que le diviseur est contenu dans le dividende prend le nom de quotient.

ADDITION.

Additionner, c'est ajouter plusieurs nombres ensemble pour former un plus grand nombre ; ainsi, 2 c'est 1 plus 1, 3 c'est 1 plus 2, 4 c'est 1 plus 3 ; puis, si je veux avoir le total ou la somme de ces trois nombres, je les écris les uns sous les autres.

Exemple :

$$\begin{array}{r} 2 \\ 3 \\ 4 \\ \hline 9 \end{array} \quad \text{somme.}$$

et je dis : 2 plus 3 font 5, et 5 plus 4 font 9.

Dans ce petit exemple, nous avions plusieurs nombres différents à ajouter ensemble ; mais si je veux ajouter ensemble plusieurs nombres semblables ou de même valeur, comme, par exemple, trois fois 9, au lieu de faire une addition en posant trois 9 les uns sous les autres ;

Exemple :

$$9$$
$$9$$
$$9$$
$$\overline{27} \quad \text{somme,}$$

j'écrirai 9 une fois seulement, et puis j'écrirai **la**
figure 3 sous le 9, et ce 3 indiquera qu'il faut répéter le nombre 9 trois fois ; exemple :

$$9$$
$$3$$
$$\overline{}$$

ce qui produit   27   produit,
et, au lieu de faire une addition, j'ai fait une multiplication.

Autre exemple :

$$953$$
$$145$$
$$362$$
$$\overline{1\,460}$$

Comme cette addition est composée de trois espèces d'unités de nombres, ou de trois ordres d'unités, au lieu d'écrire séparément la somme des trois
chiffres de chaque colonne, je dis : 3 et 5 font 8 et
2 font 10, et, comme je n'ai point d'unité du premier ordre, je les remplace par un 0, et je porte
ou j'ajoute la dizaine à la colonne des dizaines en
disant 1 dizaine de retenue et 5 dizaines font 6
dizaines, et 4 dizaines font 10, et 6 dizaines font
16 dizaines, et, comme 16 dizaines forment 1 centaine plus 6 dizaines, je pose les 6 dizaines à la colonne des dizaines, et j'ajoute la centaine à la co-

lonne des centaines, en disant : 1 centaine de retenue et 9 centaines font 10 centaines, et 1 centaine font 11 centaines, et 3 centaines font 14 centaines ; je pose les 4 centaines à la colonne des centaines, et j'avance d'un rang 1 mille qui est une unité du quatrième ordre, et j'ai pour total 1 460.

Il est essentiel, pour l'élève qui n'est point encore extrêmement exercé, de commencer l'addition, la soustraction et la multiplication par la droite, à cause des retenues et des emprunts qu'on est souvent obligé de faire ; car on ne peut emprunter des dizaines sur des unités simples, ni des centaines sur des dizaines simples, etc. La division fait exception ; car, étant le contraire de la multiplication, puisque pour multiplier il faut commencer par la droite, pour diviser il faut commencer par la gauche ; de même les deux systèmes, qui ne sont autre chose qu'une multiplication et une division : le grand système décimal multiple augmente de droite à gauche en nombre et en quantité ; le petit système décimal augmente de gauche à droite, mais en nombre seulement, c'est-à-dire que les termes qui servent à exprimer les différents ordres des unités entières sont en sens inverse des termes qui expriment les différents ordres des fractions de l'unité.

	mille.	centaines.	dizaines.	unités simples.	dixièmes.	centièmes.	millièmes.	dix millièmes.
Exemple :	1	4	5	3 ,	2	4	5	3

Puis, pour prouver que le grand système décimal est une multiplication, et le petit système décimal une division, plus nous ajouterons de chiffres au premier nombre, plus nous le multiplierons, et plus nous en ajouterons au second nombre, plus nous le diviserons.

Exemple : 245,300,245300

Le premier nombre est multiplié et augmenté réellement de valeur ; le second nombre est divisé sans changer de valeur.

On verra plus loin pour plus de développement.

Quand l'élève sera extrêmement exercé, il pourra commencer ces opérations à droite ou à gauche indifféremment, mais il est indispensable de donner à chaque chiffre le rang d'ordre qu'il doit occuper, en plaçant les unités sous les unités, les dizaines sous les dizaines, etc. ; car il serait aussi difficile d'effectuer un bon résultat sur des nombres dont les rangs seraient confondus, que de réussir à une opération sur des nombres de différentes espèces ; car on ne peut additionner des mètres avec des francs, ni soustraire une somme de francs d'une somme de mètres (à moins qu'on ne voulût s'amuser à ajouter plusieurs nombres de même grandeur dont l'un représenterait des mètres et l'autre des francs ; puis, qu'on en prît la moitié :

305 mètres.

305 francs.

———

610

mais ce serait sans un but utile).

Mais je m'aperçois que ce que je viens de dire ne doit pas suffire pour contenter la curiosité (d'ailleurs toute naturelle), de l'élève désireux de se rendre un compte exact de ce qu'il apprend.

Donc, il doit remarquer que l'on ne peut ajouter des francs à des mètres et des litres à des francs, ni retrancher les uns des autres, mais multiplier un nombre par un autre; par exemple multiplier 6 mètres par 5 francs, c'est prendre 6 mètres cinq fois ; multiplier 20 litres par 4 francs, c'est prendre 20 litres quatre fois ; c'est-à-dire qu'on échange 6 mètres contre 30 francs et 20 litres contre 80 francs.

Puis, diviser 30 par 6, c'est chercher un nombre qui, multiplié par 6, reproduise 30, etc.

Je crois que cette observation n'est pas inutile pour l'élève qui voit les espèces confondues dans la multiplication.

Mais revenons à l'addition :

12 mètres.

130 mètres.

2 056 mètres.

____

total 2 198 mètres.

La première somme partielle est composée de 1 dizaine et de 2 unités simples ; la seconde somme partielle est composée de 1 centaine, de 3 dizaines et le 0 remplace les unités qui manquent ; la troisième somme partielle est composée de 2 unités de mille, 0 pour remplacer les centaines, de 5 dizaines et de 6 unités simples, et le total forme 2 198.

Mais, si trois ou quatre sommes ont la même valeur, comme dans cet exemple :

2 540 francs.
2 540 francs.
2 540 francs.
2 540 francs.
____
somme 10 160 francs.

Naturellement, au lieu de se fatiguer à représenter quatre fois le même nombre, et à perdre son temps à additionner ces sommes partielles, surtout quand elles se présentent en grand nombre, on écrit la figure 4 sous le 0 qui remplace les unités simples d'une de ces sommes seulement, et en répétant 2 540 autant de fois qu'il y a d'unités simples dans la figure 4, nous aurons le produit 10 160.

Exemple :   2 540 francs
                   $\times$ 4
               ____
produit   10 160

Autre exemple d'addition :

12 324
34 900
05 625
14 934
96 732
____
164 515

Preuve de l'addition par l'addition.

	05 625	
12 324	14 934	47 224
34 900	96 732	117 291
47 224	117 291	164 515

Pour faire cette preuve, j'ai additionné séparément les deux premiers nombres, puis les trois autres, et enfin les deux totaux ; comme le résultat est égal à celui que j'ai obtenu dans la première addition, j'en conclus que l'opération a été bien faite.

Preuve de l'addition par la soustraction.

Exemple :
$$
\begin{array}{r}
428 \\
635 \\
874 \\
\hline
1\,937 \\
110
\end{array}
$$

Pour faire cette preuve on dit, en commençant par la gauche : 4 et 6 font 10, et 8 font 18, de 19 ôter 18 reste 1 que l'on pose sous le 9 ; puis 2 et 3 font 5, et 7 font 12, ôter 12 de 13 reste 1 que l'on pose sous le 3 ; puis 8 et 5 font 13, et 4 font 17, ôter 17 de 17 reste 0 ; d'où je conclus que la règle est bonne.

SOUSTRACTION.

Pour savoir la différence qui existe entre deux nombres, on retranche, on ôte ou on soustrait le plus petit du plus grand, exemple :
$$
\begin{array}{r}
12 \\
10 \\
\hline
02
\end{array}
$$

Pour peu qu'on sache compter, la pensée a bientôt exécuté cette petite opération qui aussitôt est rendue par la parole ; mais si on veut soustraire de la somme 3 408 la somme 1 059, ces deux sommes étant composées de nombres de quatre ordres différents ou de quatre unités différentes, il serait difficile d'exécuter l'opération par la pensée , et on a recours à la plume , et on dit :

$$
\begin{array}{r}
3\ 408 \\
1\ 059 \\
\hline
2\ 349
\end{array}
$$

Comme on ne peut ôter 9 de 8 et qu'on ne peut emprunter sur le premier chiffre à gauche , puisqu'il n'a pas de valeur, on emprunte sur le 4 une centaine qui vaut dix dizaines, on en laisse neuf sur le zéro , on joint la dizaine restante aux 8 unités , et on a dix-huit ou 18 desquels , ayant ôté 9, il reste 9 ; on ôte ensuite les 5 dizaines des 9 qu'on a laissées sur le 0, et il reste 4 ; puis , comme il ne reste que 3 centaines , puisqu'on en a emprunté une , on dit : de 3 ôter 0 reste 3 ; ensuite , de 3 ôter 1 reste 2.

S'il y a un plus grand nombre de zéros, il faut prendre sur le premier chiffre significatif une unité que l'on réduit en une dizaine de l'unité immédiatement inférieure ; on en laisse 9 à ce rang, et on réduit l'unité conservée en une dizaine de l'ordre inférieur suivant ; ainsi de suite, jusqu'au dernier chiffre auquel la dernière dizaine est ajoutée ; exemple :

$$
\begin{array}{lr}
\text{de} & 50\ 000 \\
\text{ôtez} & 43\ 454 \\
\hline
\text{reste} & 6\ 546
\end{array}
$$

Ne pouvant ôter 4 de 0, ni faire d'emprunt sur

les 0 suivants, je le fais sur 5 ; cette unité valant 10 mille, j'en place 9 sur le premier 0 ; je réduis l'unité de mille qui me reste en 10 centaines, j'en place 9 sur le 0 suivant ; je réduis la centaine qui me reste en dix dizaines, j'en place 9 sur le troisième 0, et il reste une dizaine de laquelle j'ôte 4, et il reste 6.

Pour faire la preuve de la soustraction par l'addition, on ajoute la plus petite somme au reste, ce qui donne la plus grande somme si l'opération est bien faite ; exemple :

$$\begin{array}{lr} \text{de} & 35\ 678 \\ \text{ôtez} & 27\ 899 \\ \hline \text{reste} & 7\ 779 \\ \hline \text{preuve} & 35\ 678 \end{array}$$

La raison de cette règle est fondée sur ce principe que si l'on ajoute à un nombre la différence qui existe entre lui et un plus grand, auquel il a été comparé, il lui devient égal.

MULTIPLICATION.

Multiplier un nombre par un autre, c'est composer un troisième nombre en répétant le premier autant de fois qu'il y a d'unités dans le second, ou le second autant de fois qu'il y a d'unités dans le premier, soit pour exemple :

$$\begin{array}{lr} & 37\ 008 \text{ mètres.} \\ & 9 \text{ francs.} \\ \hline \text{produit} & 333\ 072 \end{array}$$

et on dit 9 fois 8 font 72, on écrit 2 au rang des unités simples, et on retient 7 dizaines, et comme il n'y a point de dizaines au multiplicande, on pose les 7 dizaines qu'on a retenues à la colonne des dizaines, et puisqu'il n'y a point de centaines au multiplicande, on pose au produit un zéro pour remplacer les centaines qui manquent; puis 9 fois 7 font 63, on pose 3 unités de mille, et on retient 6 dizaines de mille; enfin, 9 fois 3 font 27 dizaines de mille, et 6 dizaines de mille de retenues font 33 dizaines de mille, je pose 3 dizaines de mille, et j'avance 3 centaines de mille, et le produit donne 333 072 fr.

Maintenant, il faut dire que, si chaque mètre coûtait un franc, il est clair que l'opération serait inutile; car, on ne change point la valeur d'un nombre entier en lui donnant pour multiplicateur l'unité de nombre, mais ici l'unité multiplicateur étant répétée 9 fois, il faut répéter 37 008 m. 9 fois ou répéter 9 fr. 37 008 fois indifféremment, nous aurons toujours le produit 333 072 fr.; somme que nous ont coûté les 37 008 mètres d'étoffe ou d'une autre unité quelconque.

Autre exemple :

$$
\begin{array}{r}
47\ 000 \\
2\ 900 \\
\hline
423 \\
940 \\
\hline
\text{produit}\quad 136\ 300\ 000
\end{array}
$$

Quand l'un des facteurs de la multiplication ou tous les deux sont terminés par des zéros, on abrége l'opération en multipliant comme si ces zéros n'y étaient pas, mais quand on a additionné les produits partiels, on ajoute au dernier produit les zéros du multiplicande et du multiplicateur. Si l'on avait 47 000 à multiplier par 29, après avoir multiplié 47 par 29, il faudrait au produit trois zéros, parce qu'au lieu de dizaines simples que l'on aurait multipliées l'on avait des dizaines de mille à multiplier; or on rend un nombre entier dix fois plus grand en plaçant à sa droite un zéro, cent fois plus grand en y plaçant deux zéros, mille fois plus grand en y plaçant trois zéros, et comme on aurait multiplié ce nombre par 29, au lieu de le multiplier par 2 900, il faut le rendre cent fois plus grand en ajoutant encore au produit deux zéros. On se rappellera cette méthode, lorsqu'on fera une multiplication d'entiers accompagnés de décimales.

Autre exemple :

```
à multiplier       37 648
        par         4 835
                  ─────────
                   188 240
                 1 129 440
                30 118 400
               150 592 000
                  ─────────
produit        182 028 080
```

Multiplier 37 648 par 4 835, c'est répéter le multiplicande cinq fois, plus trente fois ou trois dizaine de fois, plus huit cents fois, plus quatre mille fois et ensuite réunir les produits partiels; le produit des cinq unités simples donne des centaines de mille, le produit des trois dizaines simples donne des unités de millions, le produit des huit centaines simples donne des dizaines de millions, et le produit des quatre unités de mille donne des centaines de millions.

Multiplier un nombre par un produit déjà effectué d'un ou de plusieurs facteurs, revient à multiplier ce nombre successivement par chacun des facteurs.

Exemple : multiplier

	254	254
par	48	6
	2 032	1 524
	10 160	8
produit	12 192	12 192

Or, multiplier 254 par 48, revient à multiplier 254 par 6, et le produit par 8 ; parce que 8 multiplié par 6 donne pour produit 48.

Développements sur la multiplication.

Puisque la multiplication est une opération dans laquelle étant donnés deux nombres, on en compose un troisième qui soit à l'égard du premier ce que le deuxième est à l'égard de l'unité, c'est-à-dire que, si le deuxième égale deux fois, trois fois, vingt fois, etc., l'unité, le nombre cherché égalera deux fois, trois fois, vingt fois, etc., le premier, et que si le deuxième n'égale que la deuxième, la troisième, la vingtième, etc., partie de l'unité, le nombre cherché n'égalera que la deuxième, la troisième, la vingtième, etc., partie du premier.

Il résulte de cette définition, que multiplier un nombre par 1, c'est le prendre une fois ; le multiplier par 4, par 5, etc., c'est le prendre quatre fois, cinq fois, etc.

Le multiplier par 0, 1, c'est en prendre la dixième partie ; le multiplier par 0, 25, c'est en prendre vingt-cinq fois la centième partie, etc., d'où l'on conclut :

1° Que lorsque le multiplicateur égale l'unité, le produit égale le multiplicande ;

2° Que lorsque le multiplicateur est plus grand que l'unité, le produit est plus grand que le multiplicande ;

3° Que lorsque le multiplicateur est moindre que l'unité, le produit est moindre que le multiplicande.

Le multiplicande est le nombre que le sens du problème indique devoir être répété : il est ordinairement de même nature que le produit. (Cependant dans certaines opérations géométriques, le multiplicande et le multiplicateur sont de même nature entre eux.) Ainsi, dans cet exemple : si le mètre de drap coûte 25 francs, combien coûteront 6 mètres ?

Le multiplicande est 25 francs, parce que c'est le nombre qu'il faut répéter six fois pour avoir le prix de 6 mètres ;

Il est aussi de même nature que le produit cherché, et le multiplicateur est 6 mètres.

On connaît ordinairement que la solution d'un

problème exige une multiplication lorsque la valeur de l'unité est désignée, et qu'on demande celle de plusieurs, ou celle de quelques parties de l'unité : exemple :

On sait que 25 francs sont la valeur d'un mètre d'ouvrage, combien coûteront 15 mètres du même ouvrage ?

Dans cet exemple, on connaît le prix d'un mètre, et on demande celui de 15 mètres ; le produit sera évidemment égal à quinze fois celui d'un mètre ; la solution de ce problème exige donc une multiplication.

Autre exemple. Le mètre de drap coûte 30 francs ; combien coûteront 0, 45 centimètres ? Il est évident qu'ils coûteront quarante-cinq fois la centième partie du prix du mètre, c'est-à-dire de 30 francs.

Toute proposition qui renferme une question à résoudre ou une vérité à découvrir se nomme problème.

En général, la résolution d'un problème exige deux choses : la solution et le calcul.

La solution d'un problème est l'expression du raisonnement qui indique les opérations à faire pour remplir les conditions énoncées.

Le calcul est l'exécution des opérations indiquées par une solution.

Pour faire la preuve de la multiplication par une autre multiplication, on prend la moitié du multiplicande et on double le multiplicateur ; puis on opère comme la première fois, et les deux produits doivent être égaux.

On peut aussi tripler l'un des deux termes et prendre le tiers de l'autre, et on trouvera toujours le même produit, si l'opération est bien faite.

On ne change point le produit d'une multiplication de nombres entiers, en multipliant un des termes de ce produit par un certain nombre, pourvu qu'en même temps on divise l'autre terme par ce même nombre; car, la seconde opération détruit évidemment l'effet de la première, c'est-à-dire qu'il y a compensation.

C'est sur cette dernière conséquence que se fonde le moyen qu'on emploie quelquefois pour vérifier la multiplication.

DIVISION.

La division a pour but de trouver un troisième nombre qui, multiplié par le second, reproduise le premier;

Or diviser un nombre entier par un autre nombre entier, c'est partager le premier nombre en autant de parties égales qu'il y a d'unités dans le second.

De même que la multiplication peut s'exécuter par l'addition de plusieurs nombres égaux entre eux, on pourrait aussi trouver le quotient d'une division par une suite de soustractions.

Donc, s'il s'agit de diviser 72 par 9, autant de fois on pourra soustraire 9 de 72, autant de fois 9 sera contenu dans 72; ainsi le quotient est égal au nombre de soustractions qu'on peut faire jusqu 'à ce que le dividende soit épuisé.

Exemple. En 60 combien de fois 12 ?

$$
\begin{array}{ll}
60 & \\
12 & \\
\hline
48 & \text{1}^{\text{er}}\ \text{reste.} \\
12 & \\
\hline
36 & \text{2}^{\text{e}}\ \text{reste.} \\
12 & \\
\hline
24 & \text{3}^{\text{e}}\ \text{reste.} \\
12 & \\
\hline
12 & \text{4}^{\text{e}}\ \text{reste.} \\
12 & \\
\hline
00 & \text{5}^{\text{e}}\ \text{reste.}
\end{array}
$$

Comme on est obligé de faire cinq soustractions, il s'ensuit que le quotient est cinq ; mais comme cette manière de faire la division est trop longue, on a trouvé moyen d'abréger l'opération en faisant usage du procédé que nous allons suivre.

Règle générale.

Pour diviser deux nombres entiers l'un par l'autre, écrivez le diviseur à la droite du dividende ; séparez-les par un trait vertical, et tirez une ligne horizontale au-dessous, pour le séparer du quotient.

Cela fait, prenez à la gauche du dividende autant de chiffres qu'il y en a dans le diviseur, ou un de plus, si l'ensemble de ces premiers chiffres est plus petit que le diviseur; vous obtenez ainsi un premier dividende partiel, dont le chiffre à droite exprime des unités de la nature des plus hautes unités du quotient.

Cherchez combien ce dividende partiel contient de fois le diviseur. Ce quotient s'obtient par tâtonnement, en ne considérant que le premier chiffre à gauche du dividende partiel et le premier chiffre à gauche du diviseur; ce quotient obtenu, multipliez le diviseur par ce chiffre, et soustrayez le produit, du premier dividende partiel; abaissez à côté du reste le chiffre suivant du dividende, ce qui donne un second dividende partiel. Cherchez, comme précédemment, combien de fois ce second dividende partiel contient le diviseur, et écrivez ce nouveau quotient à la droite du premier; multipliez le diviseur par ce second quotient, et retranchez le produit du second dividende partiel.

Abaissez à côté de ce second reste le chiffre suivant du dividende; ce qui donne un troisième dividende partiel sur lequel vous opérez comme sur les précédents.

Vous continuerez cette série d'opérations jusqu'à ce que vous ayez abaissé le dernier chiffre, en ayant soin, à chaque opération, d'écrire le quotient que vous obtenez, à la droite des précédents, afin de donner à ceux-ci leur véritable valeur.

Si, après toutes ces opérations il ne reste rien, la division est dite exacte.

Si vous obtenez un reste, dans la preuve, vous l'ajoutez au produit du diviseur trouvé par le quotient.

Quand l'élève connaît de mémoire la table de multiplication, il peut aisément déterminer le quotient d'une division dont le dividende est composé de deux chiffres, et le diviseur d'un chiffre seulement.

Exemple : 63 divisé par 9 donne pour quotient 7, et on dit : en 63 combien de fois 9? 7 fois, parce qu'on sait que 7 fois 9 donnent 63.

On dit aussi : le 9e de 63 est 7, parce qu'on sait que 7 fois 9 donnent 63, etc., etc.

Il est essentiel que l'élève s'exerce à ces petites divisions, avant de passer aux autres exemples.

$$\begin{array}{r|l} \text{Divisez} \quad 72 \ \text{par} & 6 \\ \hline 12 & \\ & 12 \\ 00 & \end{array}$$

Chaque unité contenue dans le diviseur recevra la 6e partie de 72, et cette 6e partie est représentée par le quotient 12.

Mais cherchons le procédé de la division dans le procédé qui a été suivi pour la multiplication, car ces deux opérations sont intimement liées.

Exemple, d'abord de multiplication :

$$\begin{array}{r} 7\,668 \\ 7 \\ \hline 53\,676 \end{array}$$

Le produit de cette multiplication se compose des quatre produits partiels que la mémoire a fournis,

et qui correspondent aux quatre chiffres du multiplicande ; et si on voulait faire séparément les
quatre produits partiels, on s'y prendrait ainsi :

$$
\begin{array}{r}
8 \\
7 \\
\hline
56 \\
60 \\
7 \\
\hline
420 \\
600 \\
7 \\
\hline
4\,200 \\
7\,000 \\
7 \\
\hline
49\,000 \\
4\,200 \\
420 \\
56 \\
\hline
53\,676 \\
\end{array}
$$

56   1er produit partiel.

420   2e produit partiel.

4 200   3e produit partiel.

49 000   4e produit partiel.

53 676   produit total.

Mais ce procédé étant beaucoup trop long, il faut
que la mémoire y supplée.

Le premier chiffre qui ne représente que des
unités simples, multiplié par 7, donne 5 dizaines et
6 unités simples ; on pose les 6 unités, et on retient les 5 dizaines pour les porter à la colonne
des dizaines, et 7 fois 6 dizaines donnant 42 dizaines, on y joint les 5 dizaines retenues, ce qui fait
47 dizaines ; on pose les 7 dizaines à la colonne des
dizaines, et on retient les 40 dizaines qui forment

4 centaines, et on dit : 7 fois 6 centaines donnent 42 centaines, et 4 centaines de retenues font 46 centaines ; on pose les 6 centaines à la colonne des centaines, et on retient les 40 centaines qui forment 4 mille. On continue en disant : 7 fois 7 mille donnent 49 mille, et 4 mille de retenue font 53 mille ; on pose les 3 mille à la colonne des unités de mille, et comme on n'a plus de chiffres à multiplier, on avance le chiffre 5 qui représente 5 dizaines de mille, et on a pour produit total 53 676.

Donc réciproquement, étant donné le produit 53 676 et l'un de ses facteurs, 7, pour retrouver l'autre facteur, il faut par la pensée décomposer 53 676, en trouvant pour quotient les quatre chiffres 7 668 qui ont servi à former le produit 53 676 ; et pour y arriver, on prend pour dividende le produit de la multiplication, pour diviseur le facteur 7, et le quotient doit représenter le second facteur ; et toutes les fois que le diviseur est représenté par un seul chiffre, pour abréger l'opération, après avoir souligné le dividende, pour le séparer du quotient, on dit :

$$
\begin{array}{r|l}
53\ 676 & 7 \\
\hline
7\ 668 & \\
7 & \\
\hline
53\ 676 &
\end{array}
$$

Le septième de 53 est 7 pour 49 ; reste 4 dizaines qui font 40, et qu'on réunit par la pensée au chiffre suivant, ce qui donne 46 ; le septième de 46 est 6 pour 42, et il reste 4 dizaines qui font 40, et qu'on réunit encore par la pensée au chiffre suivant, ce qui donne 47 ; le septième de 47 est 6 pour 42, et il reste 5 dizaines qui font 50 , et qu'on réunit par la pensée au chiffre suivant, ce qui donne 56 ; enfin le septième de 56 est 8 ; donc, le quotient cherché est 7 668.

Ensuite on multiplie le quotient par le diviseur pour retrouver le dividende.

Puisqu'en décomposant le produit de la multiplication qui est devenu dividende, par le facteur 7 qui est devenu diviseur, nous retrouvons l'autre facteur, en multipliant ce second facteur, qui est devenu quotient, par le premier facteur, évidemment nous devons trouver pour produit le dividende, et réciproquement on multiplie et divise en compensant et décomposant les nombres.

Soit à diviser

$$\begin{array}{r|l} 754\ 264 & 8 \\ 34 & \\ \hline 22 & 94\ 283 \\ 66 & \\ 24 & \end{array}$$

Il faut chercher à connaître la nature des plus hautes unités du quotient, et en déterminer le nombre. Observons que, si le premier chiffre à gauche du dividende était plus fort que le diviseur ou lui était égal, le quotient total renfermerait alors des unités de même espèce que celles du premier chiffre du dividende, c'est-à-dire des centaines de mille : mais comme, dans cet exemple, le premier chiffre 7 est plus faible que 8, on doit conclure que les plus hautes unités du quotient ne peuvent être que des unités de la nature du second chiffre à gauche dans le dividende ; alors on prend les deux premiers chiffres, et l'on dit :

Le huitième de 75 est 9 pour 72, donc les plus hautes unités du quotient seront des dizaines de mille, puisqu'on peut soustraire 8 fois 9 ou 72 du dividende partiel 75, et on écrit le reste 3 sous le 5, et on dit : le huitième de 34 est 4, puisque 4 fois 8 donnent 32 ; ôtez 32 de 34 reste 2, et on abaisse le chiffre 2 du dividende, et on dit : le huitième de 22 est 2 pour 16 ; ôtez 16 de 22, reste 6 ; j'abaisse à côté de ce reste les 6 dizaines du dividende, et je dis : le huitième de 66 est 8 pour 64 ; ôtez 64 de 66 reste 2 ; j'abaisse le dernier chiffre du dividende, et je dis : le huitième de 24 est 3 ; puis 3 fois 8 font 24, de 24 ôtez 24 reste 0 ; et j'ai pour quotient total 94 283.

Le huitième de 9 725 647 | 8

est 1 215 705... 7

et il reste 7, ou $\frac{7}{8}$, etc.

Dans cet exemple, lorsqu'on est parvenu au chiffre 7 des centaines du quotient, comme on n'obtient pas de reste, et que le chiffre suivant 4 est plus petit que 8, cela indique qu'il n'y a pas de dizaines au quotient ; alors on y met un 0 pour en tenir lieu, et faisant suivre le chiffre 4 du chiffre 7 des unités, ce qui donne 47 : on dit le huitième de 47 est 5, que l'on écrit à la droite du 0, et il reste 7.

Proposons-nous de multiplier les nombres 594

et 437 ; ensuite nous vérifierons l'opération par la division.

$$594$$
$$437$$
$$\overline{}$$
$$4\ 158$$
$$17\ 820$$
$$237\ 600$$
$$\overline{}$$
$$259\ 578$$

Il résulte de cette multiplication que le produit total se compose des trois produits partiels du multiplicande par les unités, dizaines et centaines du multiplicateur.

Donc réciproquement étant donné le produit 259 578 et l'un de ses facteurs 594 pour trouver le second facteur ou le quotient de la division du premier nombre par le second, il faut tâcher de mettre en évidence dans le produit 259 578 les trois produits partiels dont il se compose.

La chose ne paraît pas facile à cause des réductions qui se sont opérées entre les chiffres, dans l'addition des produits partiels : cependant nous y arriverons.

1er divid. partiel	259 578	594
	2 376	437
2e divid. partiel	21 978	
	1 782	
3e divid. partiel	4 158	
	4 158	
	0 000	

Comme nous commençons la division par la gauche, le premier produit du diviseur multiplié par le chiffre des plus hautes unités du quotient doit représenter le dernier produit partiel de la multiplication, et par conséquent le premier chiffre à gauche du quotient doit représenter les centaines du multiplicateur.

En consultant la règle générale de la division, on verra que si, en prenant autant de chiffres dans le dividende partiel qu'il y en a dans le diviseur, le diviseur ne s'y trouve pas contenu, on augmente son dividende partiel d'un chiffre ; et ce chiffre qui ici se trouve être un 5 exprime la nature des plus hautes unités du quotient, non par sa forme, mais par son rang d'ordre.

Les plus hautes unités du quotient représenteront donc des centaines.

Maintenant nous ne poserons pas un 5 au quotient en disant que 25 contient 5 fois 5 ; notre raisonnement ne se trouverait pas tout à fait juste, car nous n'aurions pas seulement 5 centaines, mais nous aurions 5 centaines, plus 9 dizaines, plus 4 unités à multiplier par 4 centaines ; et le trop grand produit qui en résulterait ne pourrait être soustrait du dividende partiel : donc le chiffre 5 ne peut être celui des centaines du quotient.

Essayons 4 ; le produit de 594 par 4 est 2 376, nombre qui est plus petit que 2 595, et qu'on écrit alors au-dessous de ce dernier nombre ; ainsi 4 est le véritable chiffre des centaines du quotient ; c'est pourquoi on l'écrit sous le diviseur, et on voit que 2 376 est le troisième produit partiel qu'on a obtenu en multipliant 594 par 437. Soustrayant 2 374 de 2 595, et abaissant à côté du reste 219 les chiffres suivants du dividende, on a 21 978, nombre qui se compose encore de la somme des produits partiels de 594 par les dizaines et les unités du quotient.

Pour obtenir les dizaines, on raisonnera comme précédemment.

Le produit de 594 par des dizaines, ne pouvant donner moins que des dizaines, se trouve nécessairement dans les 2 197 dizaines du nouveau dividende ; et si l'on cherche le plus grand nombre de fois que 594 est contenu dans 2 197, ce chiffre sera celui des dizaines du quotient. D'abord, il n'est pas trop fort puisque son produit par 594 pouvant être soustrait de 2 197 dizaines, le quotient est au moins égal à autant de dizaines qu'il y a d'unités dans ce chiffre.

Ensuite il n'est pas trop faible, puisque, si on l'augmentait seulement d'une unité, le produit du nouveau chiffre par 594 donnerait au moins 2 198 dizaines, et ne pourrait plus être soustrait du dividende 21 978.

Voyons combien de fois 2 197 contient 594, ou combien de fois 21 contient 5, on trouve 4 ; mais dans la multiplication de 594 par 4, le produit de 9 par 4 est 36, ce qui donne 3 centaines à reporter sur le produit de 5 par 4 ou 20 ; ainsi 4 est trop fort.

Essayons 3 ; le produit de 594 par 3 est 1 782,

nombre qui est plus petit que 2 197, et que l'on écrit sous 2 197 : ainsi 3 est le chiffre des dizaines du quotient, et on le place à la droite du chiffre 4 déjà trouvé.

Le produit 1 782 est d'ailleurs le deuxième produit partiel de la multiplication de 594 par 437.

Soustrayant 1 782 de 2 197, et abaissant à côté du reste 415 le chiffre 8 du dividende, on obtient 4 158, nombre qui représente le produit partiel de 594 par les unités du quotient.

Cherchant enfin combien de fois 4 158 contient 594, ou combien de fois 41 contient 5, on trouve 8 ; mais 8 est trop fort, comme il est aisé de le voir ; essayons 7 : il vient pour le produit de 594 par 7 4158, nombre qui, soustrait de la partie restante du dividende, donne pour reste 0 ; ainsi 7 est le chiffre des unités du quotient ; donc 437 est le quotient demandé.

En effet, il résulte évidemment des opérations précédentes, qu'on a soustrait successivement du dividende 259 578, les produits partiels de 594 par 4 centaines, 3 dizaines, 7 unités ; et puisque après toutes ces opérations il ne reste rien, il s'ensuit que 259 578 est égal au produit de 594 par 437.

On peut aussi exécuter cette division ou toute autre de cette manière qui est la plus abrégée.

$$
\begin{array}{r|l}
259\ 578 & 594 \\ \cline{2-2}
& 437
\end{array}
$$

1er reste 2 197

2e reste 4 158

3e reste 000

Ici nous n'avons point porté les produits du diviseur par le quotient sous le dividende partiel, mais nous avons dit, après avoir procédé comme précédemment, 4 fois 4 font 16 ; ôtez 16 de 5, dernier chiffre à droite du dividende partiel, cela ne se peut ; je suppose 5 augmenté de 2 dizaines, ce qui donne 25, et je retranche 16 de 25 ; il reste 9 que j'écris au-dessous de 5, après avoir souligné ce premier dividende partiel ;

Observons maintenant que les 2 dizaines ajoutées sont censées avoir été empruntées sur le chiffre 5 qui ne vaut plus que 3 ; mais il revient évidemment au même, et cela est plus commode, de retenir les deux dizaines pour les joindre au produit des dizaines du diviseur par le quotient 4, et pour soustraire le tout des dizaines du dividende 2 595 prises en totalité.

Je dis ensuite 4 fois 9 font 36 et 2 de retenue font 38 ; ôtez 38 de 9, cela ne se peut ; mais empruntant 3 centaines sur le chiffre 5, j'obtiens 39 ; et ôtant 38 de 39, il reste 1 que j'écris sous le 9 du dividende partiel ; je retiens les 3 centaines, et je dis 4 fois 5 font 20 et 3 de retenue font 23 ; ôtez 23 de 25 reste 2, que j'écris sous le 5 du dividende partiel.

Ensuite, comme le reste ne contient pas le diviseur, j'abaisse le chiffre 7, ce qui donne pour second dividende partiel 2 197, sur lequel j'opère de la même manière.

Et quand l'opération est finie, il y a autant de chiffres au quotient qu'il y a de dividendes partiels.

Exception. Lorsqu'après avoir abaissé un chiffre

pour compléter (si on peut parler ainsi) un dividende partiel, le diviseur ne s'y trouve pas contenu, on pose un 0 au quotient et on abaisse un second chiffre ; dans ce cas, il y a plus de chiffres au quotient que de dividendes partiels, comme nous le verrons dans l'exemple suivant :

Nouvel exemple :

$$
\begin{array}{r|l}
200\ 658\ 969 & 39\ 837 \\
\underline{147\ 396} & \overline{5\ 037} \\
278\ 859 & \\
0 &
\end{array}
$$

Ce dernier exemple donne lieu à une observation importante :

Après avoir trouvé pour premier quotient 5, et pour premier reste 1 473, on abaisse à côté de ce reste le chiffre suivant, ce qui donne pour second dividende partiel 14 739. Or ce dividende partiel ne contient pas le diviseur ; donc le quotient total n'a pas de centaines, puisque s'il y en avait seulement une, son produit par 39 837 devrait pouvoir être soustrait du dividende partiel 14 739, ce qui est impossible. Mais pour conserver au chiffre 5 du quotient la valeur qu'il doit avoir, il faut écrire au quotient un 0 qui tienne lieu de centaine ; et abaissant ensuite à côté de 14 739 le chiffre suivant 6 du dividende, on continue l'opération ; ce qui donne successivement le chiffre des dizaines et le chiffre des unités.

En général, toutes les fois qu'en abaissant à côté d'un reste le chiffre suivant, on obtient un dividende partiel moindre que le diviseur, cela indique que le quotient n'a pas d'unités de l'ordre du chiffre abaissé, et alors on met au quotient un 0 pour tenir la place des unités qui manquent, et donner ainsi aux chiffres significatifs déjà trouvés leur valeur relative.

On abaisse ensuite à côté de ce dividende partiel un nouveau chiffre, et l'on continue l'opération.

Remarque. Il existe un signe certain auquel on reconnaît qu'un chiffre du quotient est bien déterminé ;

C'est lorsqu'en soustrayant le produit partiel du diviseur par ce chiffre, on obtient un reste moindre que le diviseur. Si ce reste est supérieur ou égal au diviseur, il faut augmenter d'une unité le chiffre trouvé d'abord.

Observons aussi qu'il faut commencer la division par la gauche, parce que le dividende étant la somme des produits partiels du diviseur par les unités, dizaines, centaines, etc., du quotient, tous ces produits partiels se fondent les uns dans les autres ; et il n'est pas facile de mettre d'abord en évidence le produit du diviseur par les unités, le produit par les dizaines, et tandis que, d'après le procédé indiqué précédemment, on parvient, sinon à découvrir tout à fait le produit par les unités les plus fortes, du moins à déterminer dans quelle partie du dividende il se trouve.

Au reste, on peut aussi commencer par la droite, en effectuant la division par des soustractions successives comme c'est indiqué au commencement du chapitre sur la division.

Toute proposition qui renferme une question à résoudre, ou une vérité à découvrir se nomme problème.

En général, la résolution d'un problème exige deux choses : la solution et le calcul.

La solution d'un problème est l'expression du raisonnement qui indique les opérations à faire pour remplir les conditions énoncées.

Le calcul est l'exécution des opérations indiquées par une solution.

Développements sur la division.

Puisque la division est une opération par laquelle on cherche l'un des facteurs d'un produit dont on connaît l'autre facteur et ce produit, donc, diviser 12 par 3, c'est chercher un nombre qui, étant multiplié par 3, donne 12 au produit.

Il résulte de cette définition que le diviseur est, à l'égard de l'unité, ce qu'est le dividende à l'égard du quotient ;

C'est-à-dire que si le diviseur égale deux fois, trois fois, vingt fois, etc., l'unité, le dividende égale deux fois, trois fois, vingt fois, etc., le quotient ; et que si le diviseur n'est que la deuxième, la troisième, la vingtième, etc., partie de l'unité, le dividende n'est que la deuxième, la troisième, la vingtième, etc., partie du quotient.

On connaît ordinairement que la solution d'un problème exige une division, lorsque la valeur de plusieurs unités ou de quelques parties d'unité étant donnée, on cherche celle d'une seule.

Exemple : 36 mètres d'ouvrage ont coûté 224 francs, à combien revient le mètre?

Dans ce problème, on connaît la valeur de plusieurs unités et on demande celle d'une seule : sa solution exige donc une division.

Autre exemple : 0 45 de drap coûtent 13 50, combien le mètre?

On veut savoir la valeur de l'unité par la connaissance de celle d'une partie; pour y arriver il faut encore faire une division.

Le diviseur est toujours le facteur connu; ainsi, dans l'exemple suivant : 75 francs sont le prix de 5 mètres, à combien revient le mètre ?

Le nombre 5 est le diviseur, parce qu'il est le nombre qui, multiplié par le prix du mètre, doit donner 75 franc pour produit.

Observations. En examinant si le nombre par lequel on pourra multiplier le diviseur pour que le produit soit égal au dividende est compris dans les dizaines, dans les centaines, dans les mille, etc., on en conclut le nombre de chiffres qu'il pourra y avoir au quotient. Par exemple, soit à savoir combien de chiffres il y aura au quotient de la division de 4 689 par 9, on multiplie 9 par 100, et on a 900, nombre plus petit que 4 689, on le multiplie ensuite par 1 000, et on a 9 000, nombre plus grand que 4 689 ; on voit par là que le multiplicateur de 9, pour que le produit égale 4 689, est compris entre 100 et 1 000 : donc il y aura 3 chiffres au quotient.

Soit encore à diviser 875 par 35 ;

Il y aura deux chiffres au quotient, car si l'on multiplie 35 par 10, on aura 350, nombre plus petit que 875, et si on le multiplie par 100, on aura 3 500, nombre plus grand que 875 ; il y aura donc 2 chiffres au quotient.

Lorsqu'après avoir employé tous les chiffres du dividende, il y a encore un reste, on réduit le reste d'abord en dixièmes, en écrivant un zéro à sa suite, et on continue la division ; mais comme on ne peut plus avoir d'unités, on met une virgule au quotient.

Si on veut continuer, on réduit le second reste en centièmes, en écrivant encore un 0 ; mais on ne met plus de virgule au quotient, les unités étant déterminées par le rang qu'elles occupent.

Soit, par exemple, 679 à diviser par 28 :

$$
\begin{array}{c|c}
679 & 28 \\
119 & \overline{} \\
70 & 24,25 \\
140 & \\
0 & \\
\end{array}
\qquad
\begin{array}{r}
\text{preuve} \quad 24,25 \\
28 \\
\hline
19\ 400 \\
4\ 850 \\
\hline
679,00 \\
\end{array}
$$

Après la division il reste 7 ; je réduis le reste d'abord en dixièmes, en écrivant un 0 à la droite, et je place une virgule au quotient, puis je dis : en 70 combien de fois 28 ; ou, en 7 combien de fois 2 ; il y est deux fois ; j'écris ce chiffre au quotient, et je fais les opérations ordinaires.

Mais il reste encore 14 dixièmes ; je réduis ce nombre en centièmes en écrivant encore un 0 à sa droite, et je dis : en 140 combien de fois 28, ou, en 14 combien de fois 2, il y est cinq fois.

J'écris ce chiffre au quotient.

Je fais la multiplication et la soustraction, et il reste 0 ; j'en conclus que 24,25 est le quotient exact de 679 par 28.

S'il y avait eu encore un reste, on aurait écrit un 0 à sa droite pour le réduire en millièmes, et on aurait continué la division ; puis on aurait encore mis un 0 à la suite de ce dernier reste, etc., etc.

On peut, par ce moyen, porter l'approximation jusqu'à l'unité décimale de l'ordre qu'on voudra.

Calculer un quotient à moins d'un dixième près, par exemple, c'est pousser la division jusqu'aux dixièmes inclusivement ; le calculer à moins d'un centième près, c'est la pousser jusqu'aux centièmes, etc.

Lorsque le dividende est plus petit que le diviseur, on place d'abord au quotient un zéro suivi d'une virgule, pour exprimer qu'il n'y a pas d'entiers, puis on réduit le dividende en dixièmes, en centièmes, et on opère comme à l'ordinaire.

Supposé qu'on ait 6 entiers à diviser par 25, on aura l'opération suivante :

$$\begin{array}{r|l} 6\ 00 & 25 \\ \hline 1\ 00 & 0{,}24 \\ 0 & \end{array}$$

Je dis en 6 combien de fois 25 ? il n'y est pas ; j'écris 0 suivi d'une virgule au quotient.

Je réduis les 6 unités en dixièmes en écrivant un 0 à la droite du chiffre 6, et je dis : en 60, combien de fois 25 ? il y est deux fois, je fais la multiplication et la soustraction, et il reste dix dixièmes ; je les réduis en centièmes, et je dis : en 100, combien de fois 25 ? il y est quatre fois ; je fais la multiplication et la soustraction et il reste 0. J'en conclus que 0,24 centièmes est le quotient de 6 unités divisées par 25 unités.

On peut abréger la division dans les cas suivants :

1° Lorsque le diviseur est un seul chiffre, alors l'opération se réduit à prendre le $\frac{1}{2}$, le $\frac{1}{3}$, le $\frac{1}{4}$, etc. du dividende ;

2° Lorsque le diviseur est le produit de la multiplication de deux nombres d'un seul chiffre ; alors on divise d'abord par un facteur, et on divise ensuite le résultat par l'autre facteur.

Soit 24 le diviseur, on pourra prendre d'abord le $\frac{1}{4}$ du dividende, et ensuite le $\frac{1}{6}$ du premier résultat, parce que 4 et 6 sont facteurs de 24 ;

3° Lorsque le diviseur est l'unité suivi d'un ou de plusieurs 0 ; alors l'opération se réduit à séparer à la droite du dividende autant de figures qu'il y a de 0 dans le diviseur ou à déplacer la virgule de droite à gauche d'autant de places qu'il y a de zéros dans le diviseur ;

4° Lorsqu'il est possible de supprimer autant de zéros au dividende qu'au diviseur ; s'il s'agissait par exemple de diviser 480 par 600, l'opération se réduirait à diviser 48 par 6.

On conçoit que, dans ce cas, le dividende et le diviseur étant divisés chacun par un même nombre, le quotient ne doit pas changer de valeur.

En effet, 600 multiplié par le quotient égalera 4 800, et 6, 00 (nombre cent fois plus petit que 600), multiplié par le quotient égalera 48, 00 (nombre cent fois plus petit que 4 800) mais dans les deux cas le quotient est toujours le même.

Exemple :

$$\begin{array}{c|c} 480\ 0 & 600 \\ \hline & 0{,}8 \end{array} \quad (1)$$

Comme 480 ne contiennent pas 600, 0 peut remplacer l'unité, parce que, dans le système en usage, le zéro n'est rien s'il n'est accompagné de chiffres significatifs ; mais il est, comme il est aisé de le voir, d'un emploi très-utile.

Et je dirai, pour terminer ce chapitre, que le grand système décimal se trouve multiplié par l'addition d'un, deux, trois, etc., zéros, et le petit système décimal se trouve divisé par l'addition d'un, deux, trois, etc., zéros

CHAPITRE II.

SUR LES FRACTIONS.

Pour se former une idée d'une fraction d'unité d'une espèce quelconque, il faut concevoir que cette unité soit divisée en un certain nombre de

---

(1) Comme 480 ne contiennent pas 600, on réduit le dividende en décimales en ajoutant un zéro, puis, pour abréger l'opération, on retranche les zéros de part et d'autre.

parties égales, et que l'on prenne une, deux, cinq ou quatre-vingts, etc. de ces parties;

L'ensemble des parties que l'on prend est ce qui constitue la fraction, et les mêmes figures qui servent à représenter les nombres entiers, servent aussi à représenter les fractions; et on reconnaît que des nombres représentent une ou des fractions, quand ces nombres, que l'on nomme les deux termes de la fraction, sont séparés par un petit trait, et ce petit trait est le signe de la division.

Le terme inférieur qui indique en combien de parties l'unité est divisée se nomme dénominateur;

Le terme supérieur qui indique de combien de parties d'unité la fraction se compose, ou combien on prend de parties d'unité, se nomme numérateur.

On lit d'abord le terme supérieur, puis le terme inférieur, en ajoutant la terminaison *ième*; excepté pour les fractions demi, tiers, quart.

Ainsi deux tiers s'écrivent ainsi $\frac{2}{3}$, cinq douzièmes ainsi $\frac{5}{12}$; si l'unité est divisée en cent parties égales et que l'on prenne douze de ces parties, on l'écrit ainsi $\frac{12}{100}$, et on lit douze centièmes (1).

On dit aussi qu'on peut considérer une partie de l'unité principale, comme une espèce particulière d'unité; mais pour que l'élève ne se perde pas dans toutes ces unités, je ne nommerai point unité les différentes parties de l'unité divisée qui composent les fractions.

____

(1) Que nous verrons écrit 0,12, ce qui est plus commode et beaucoup plus en usage.

Je donnerai, pour premier exemple, une division de nombres entiers avec un reste.

En général, diviser un nombre d'unités entières en autant de parties égales qu'il y a d'unités entières dans un autre nombre, revient à diviser une unité simple en autant de parties égales qu'il y a d'unités entières dans le second nombre (qui est le diviseur), et à prendre une de ces parties autant de fois qu'il y a d'unités entières dans le dernier nombre (qui est le reste).

Exemple : On veut diviser ou partager la somme de 75 francs entre six personnes.

$$\begin{array}{ll} \text{Unités de francs} \quad 75 & \left|\ 6 \quad \text{unités de personnes.}\right. \\ 15 & \left|\ \overline{12} \quad \tfrac{3}{6}\ \text{fraction.}\right. \\ \text{reste} \quad\ 3 & \end{array}$$

S'il ne restait qu'un franc, il est clair que chaque personne n'aurait qu'un sixième de franc ; mais il reste 3 francs ; elles auront donc chacune $\tfrac{3}{6}$ de franc, ou trois fois un sixième de franc.

On pourrait, ce qui reviendrait au même, ajouter un 0 à la droite du reste 3, et diviser ce nombre rendu nombre décimal (puisqu'au lieu de représenter 3 francs il représenterait 30 décimes) par 6 et on aurait au quotient 12,5, c'est-à-dire douze entiers cinq décimes ; or $\tfrac{5}{10}$ ou $\tfrac{3}{6}$ représentent exactement la même valeur ; ce dont on s'assure en réduisant ces deux fractions au même dénominateur.

De même, comme on ne change point la valeur d'un nombre décimal en ajoutant à sa droite un nombre quelconque de zéros, on pourrait ajouter un ou plusieurs 0 au numérateur, pourvu qu'en même temps on ajoutât la même quantité de 0 au dénominateur ; ainsi :

$$\frac{5}{10} = \frac{50}{100} = \frac{3}{6}, \text{ etc.}$$

et comme on ne change point la valeur d'une fraction en multipliant ou en divisant ses deux termes par un même nombre, $\frac{3}{6} = \frac{6}{12} = \frac{1}{2}$, car, deux fois 3 est 6, deux fois 6 est 12 ; puis, le tiers de 3 est 1, le tiers de 6 est 2.

Mais il est bon d'observer que si, au lieu d'une multiplication ou d'une division, on faisait une addition ou une soustraction, en ajoutant aux deux termes un même nombre, ou en retranchant des deux termes un même nombre, on changerait la valeur de la fraction, car, prenons encore pour exemple nos $\frac{3}{6}$; ajoutons 2 à 3, puis 2 à 6, nous aurons $\frac{5}{8}$; ensuite retranchons 2 de 3, puis 2 de 6, uous aurons $\frac{1}{4}$.

La fraction devient donc d'autant plus grande que le nombre qu'on ajoute est plus grand, et d'autant plus petite que le nombre qu'on retranche est plus petit.

L'observation que nous venons de faire est aussi applicable à la division des nombres entiers, c'est-à-dire :

Qu'on ne change point le quotient d'une division de nombres entiers, en divisant ou multipliant le diviseur et le dividende par un même nombre ; mais on rend un quotient dix fois plus grand en ajoutant un 0 au dividende, et on rend un quotient dix fois plus petit, en ajoutant un 0 au diviseur (1).

Exemple :

72	6		720	6		72	60
12	12		12	120		120	1, 2
00			00			000	

Et on ne change point un quotient en multipliant ou en divisant les deux termes de la division par un même nombre; car l'effet que produit le premier changement est détruit par l'effet que produit le second, c'est-à-dire qu'il y a compensation.

Exemple :

144	12		720	60		36	3
24	12		120	12		00	12
00			000				

Les fractions sont dites de différentes espèces lorsque les dénominateurs ne sont pas les mêmes, ainsi $\frac{2}{3}$, $\frac{3}{4}$, $\frac{5}{8}$ sont des fractions de différentes espèces.

La grandeur d'une fraction dépend de la grandeur des parties du dénominateur comparée à la grandeur du numérateur.

Ainsi la fraction $\frac{4}{7}$ est plus grande que la fraction $\frac{3}{7}$, car la première contient 4 parties d'une unité divisée en 7, et la seconde ne contient que 3 de ces mêmes parties; la fraction $\frac{3}{8}$ est plus grande que la fraction $\frac{3}{16}$, car, dans le premier cas, on a 3 parties d'une unité divisée en 8; dans le se-.

(1) Voyez l'observation de la page 6.

cond cas, on a aussi 3 parties, mais l'unité étant divisée en 16 parties, elles sont moitié plus petites ; ainsi, plus le dénominateur d'une fraction est grand, plus la fraction est petite.

Continuons :

1° Plus le numérateur d'une fraction est petit, le dénominateur restant le même, moins la fraction a de valeur ;

2° Au contraire, plus le dénominateur est petit, le numérateur restant le même, plus la fraction a de valeur ;

3° Lorsque le numérateur égale le dénominateur, la fraction égale une unité ;

4° Lorsque le numérateur est plus petit que le dénominateur, la fraction est plus petite que l'unité ;

5° Lorsque le numérateur est plus grand que le dénominateur, la fraction est plus grande que l'unité.

Deux fractions exprimées par des termes différents peuvent avoir la même valeur, pourvu que le rapport soit le même entre le numérateur et le dénominateur de chaque fraction, par exemple $\frac{2}{4}$ équivalent à $\frac{3}{6}$, car le rapport de 2 à 4 est le même que celui de 3 à 6, c'est-à-dire que 2 est la moitié de 4, comme 3 est la moitié de 6 ; chacune de ces fractions exprime donc la moitié de l'entier, et pourrait s'écrire $\frac{1}{2}$.

On peut donc multiplier ou diviser les deux termes d'une fraction par un même nombre, sans en changer la valeur.

Supposons, par exemple, qu'on multiplie par 3 les deux termes de la fraction $\frac{4}{5}$, on aura $\frac{12}{15}$, fraction équivalente à la première.

En effet, en multipliant le dénominateur seul, nous aurions $\frac{4}{15}$, fraction trois fois plus petite que la précédente, puisque dans $\frac{4}{5}$ l'unité a été divisée en 5 et qu'on en a 4 parties, et que dans $\frac{4}{15}$ l'unité est divisée en 15, nombre trois fois plus grand; chacune de ces dernières parties n'est donc que le tiers de celle de la première fraction, et comme on n'en a que le même nombre, on n'a donc que le $\frac{1}{3}$ de la fraction primitive; mais si on multiplie aussi le numérateur 4, dans la fraction $\frac{4}{15}$, par 3, on aura $\frac{12}{15}$, fraction qui égale trois fois $\frac{4}{15}$, puisque dans $\frac{12}{15}$ on a 12 parties de l'unité partagée en 15, et que dans l'autre on n'en a que 4, c'est-à-dire le tiers de ces mêmes parties.

Mais puisque la fraction $\frac{4}{15}$ égale le $\frac{1}{3}$ de $\frac{4}{5}$, et qu'elle est aussi le $\frac{1}{3}$ de $\frac{12}{15}$, $\frac{12}{15}$ égale donc $\frac{4}{5}$, et on prouverait, par un raisonnement analogue, qu'on ne change pas la valeur d'une fraction en divisant ses deux termes par un même nombre; par exemple, les deux termes de la fraction $\frac{21}{49}$ divisés par 7 donneront $\frac{3}{7}$, fraction équivalente à la première.

RÉDUCTIONS DES FRACTIONS.

Les réductions des fractions sont divers changements qu'on leur fait subir, sans que pour cela elles changent de valeur.

Les principales réductions sont au nombre de quatre :

1° Réduire des entiers, ou des entiers et des fractions, en une seule fraction ;

2° Réduire des fractions en entiers, lorsqu'elles en contiennent ;

(On donne le nom de *transformation* à ces deux premières réductions.)

3° Réduire les fractions à leur plus simple expression ;

4° Réduire les fractions au même dénominateur.

Première réduction.

On réduit des entiers en fractions en les multipliant par le dénominateur donné. Lorsqu'il y a une fraction jointe aux entiers, on ajoute le numérateur au produit ; exemple : on demande combien il y a de quarts dans trois entiers.

Un entier contient 4 quarts, 3 entiers contiendront donc trois fois 4 quarts, on aura donc $\frac{12}{4}$.

Deuxième réduction ; preuve de la première.

Pour réduire les fractions en entiers, lorsqu'elles en contiennent, il faut diviser le numérateur par le dénominateur, le quotient donnera les unités ; le reste, s'il y en a un, sera le numérateur d'une fraction qui aura pour dénominateur celui de la fraction primitive.

Exemple : On demande combien il y a d'entiers en $\frac{12}{4}$.

Quatre quarts égalent un entier ; douze quarts valent donc autant d'entiers qu'il y a de fois 4 dans 12 ; donc il faut diviser 12 par 4.

Troisième réduction.

Pour réduire une fraction à sa plus simple expression , il faut d'abord diviser le numérateur et le dénominateur par un même nombre, et répéter cette opération sur les deux termes de la fraction résultante , jusqu'à ce qu'on ait obtenu une fraction irréductible.

Un nombre est divisible :

Par 2, lorsque son dernier chiffre est pair ou zéro;

Par 3 , lorsque la somme de ses chiffres, considérés comme des unités simples, égale 3 ou un multiple de 3 ;

Par 4 , lorsque le nombre formé par les deux derniers chiffres est divisible par 4 ;

Par 5 , lorqu'il est terminé par 5 ou par 0;

Par 6 , lorsqu'il est divisib'e par 2 et par 3, parce que $2 \times 3 = 6$, et que 2 et 3 sont premiers entre eux ;

Par 8 , lorsque le nombre formé par les trois derniers chiffres égale un multiple de 8 ;

Par 9, lorsque la somme des chiffres, considérés comme des unités simples, égale 9 ou un multiple de 9 ;

Par 10 , lorsqu'il est terminé par 0;

Par 11 , lorsque la somme des chiffres des rangs pairs égale celle des rangs impairs, ou que l'une surpasse l'autre de 11 ou d'un multiple de 11.

La théorie du plus grand commun diviseur suppose, pour être comprise, la connaissance de ce qui suit :

1° Un nombre est dit *multiple* d'un autre lorsqu'il le contient exactement un certain nombre de fois, et celui-ci est dit *sous-multiple* du premier ; ainsi, 20 est multiple de 4 parce que 5 fois 4 égalent 20, et 4 est sous-multiple de 20, car il le divise sans reste : $\frac{20}{5} = 4$;

2° Un nombre est dit *premier*, lorsqu'il n'est divisible que par lui-même ou par l'unité.

Il suit de là que 2, 3, 5, 7, etc., sont des nombres premiers, et que 4, 6, 9, ne le sont pas ; car ils peuvent être divisés par 2 ou par 3, ou par tous les deux ;

3° Deux nombres qui n'ont aucun diviseur commun sont dits *premiers entre eux* ; ainsi, 4 et 9 sont dans ce cas ; car 2, qui est sous-multiple de 4, n'est pas diviseur de 9, et 3, qui est diviseur de 9, ne l'est pas de 4 ; 6 et 9 ne sont pas premiers entre eux, car ils ont 3 pour diviseur commun ;

4° Un nombre sous-multiple d'un autre nombre divise un multiple quelconque de ce second nombre : ainsi, 12 étant divisible par 3, 36, multiple de 12, sera aussi divisible par 3. En effet, 12 qui contient 4 fois 3, étant contenu 3 fois dans 36, celui-ci contiendra 4 fois 3 trois fois, ou 4 neuf fois exactement ;

5° Un nombre étant décomposé en deux parties ayant un diviseur commun, ce diviseur sera aussi sous-multiple de ce nombre.

Soit le nombre 24 divisé en 16 et 8 : je dis que 4, diviseur commun de 16 et 8, divisera aussi 24 sans reste. Car le quotient de la division du nombre entier doit égaler le total des quotients de la division de ses parties, et, si ceux-ci sont entiers, leur somme, ou le quotient du premier nombre, le sera aussi ;

6° Un nombre étant divisé en deux parties, si ce nombre et l'une de ses parties sont exactement divisés par un autre nombre, celui-ci divisera aussi exactement l'autre partie. En effet, le quotient du nombre entier étant égal à la somme des deux quotients partiels, si l'un de ces quotients est entier, l'autre le sera aussi ; car, si l'autre était fractionnaire, il s'ensuivrait qu'un nombre entier serait égal à un nombre fractionnaire, ce qui serait absurde.

Règle générale.

Pour trouver le plus grand commun diviseur des deux termes d'une fraction, il faut diviser le dénominateur par le numérateur ; s'il ne reste rien, ce sera le numérateur qui sera le plus grand commun diviseur ; s'il y a un reste, il faut diviser le premier diviseur par le reste, et continuer ainsi la division jusqu'à ce qu'elle se fasse sans reste. Le dernier diviseur qu'on aura employé sera le plus grand commun diviseur par lequel il faudra diviser les deux termes de la fraction.

Si le dernier diviseur était l'unité, la fraction serait irréductible.

On demande la plus simple expression de $\frac{217}{1638}$.

Opération :

1365		117		78	39		117	39	1365	39
195	11	39	1	00	2		0	3	195	35
78										

Ayant divisé le dénominateur par le numérateur, il reste 78 ; je divise le numérateur par ce nombre et il reste 39 ; je continue à diviser ainsi l'avant-dernier reste par le dernier, et je trouve que 39 ne donne pas de reste, d'où je conclus qu'il est le plus grand commun diviseur : je divise les deux termes de la fraction par 39 et j'ai 3 pour numérateur de la nouvelle fraction, et 35 pour dénominateur, ce qui donne $\frac{3}{35}$ pour la plus simple expression de $\frac{117}{1365}$.

La raison de cette règle est que : 39 divise 39×2, c'est-à-dire 78 ; il divise aussi $78 + 39$, c'est-à-dire 117 ; il divise également $117 \times 11 + 78$, c'est-à-dire 1 365 ; il est donc commun diviseur des deux termes de la fraction proposée.

Il est aussi le plus grand commun diviseur, car s'il y en avait un autre, il faudrait qu'il divisât $1\ 365 = 119 \times 11 + 78$; qu'il divisât aussi $117 = 78 \times 1 + 39$, et encore $78 = 39 \times 2$, et enfin 39 ; or, s'il est plus grand que ce dernier nombre, il ne peut pas le diviser ; donc 39 est le plus grand commun diviseur de cette fraction.

Quatrième réduction.

1° Pour réduire deux fractions à un même dénominateur il faut multiplier les deux termes de la première par le dénominateur de la seconde, et les deux termes de la seconde par le dénominateur de la première.

Par exemple, pour réduire à un même dénominateur les deux fractions $\frac{2}{3}$, $\frac{3}{4}$, qui sont les deux termes de la première fraction, je multiplie 2 et 3, chacun par 4, dénominateur de la seconde, et j'ai $\frac{8}{12}$ qui est de même valeur que $\frac{2}{3}$.

Je multiplie de même les deux termes 3 et 4 de la seconde fraction, chacun par 3, dénominateur de la première, et j'ai $\frac{9}{12}$ qui est de même valeur que $\frac{3}{4}$; en sorte que les fractions $\frac{2}{3}$ et $\frac{3}{4}$ sont changées en $\frac{8}{12}$ et $\frac{9}{12}$, qui sont respectivement de même valeur que celles-là, et qui ont le même dénominateur entre elles.

Par cette méthode, le dénominateur sera toujours le même pour chacune des deux nouvelles fractions, puisque dans chaque opération le nouveau dénominateur est le produit de la multiplication dont les deux dénominateurs primitifs sont les facteurs;

2° Si on a plus de deux fractions, on les réduira toutes au même dénominateur, en multipliant les deux termes de chacune par le produit résultant de la multiplication des dénominateurs des autres fractions.

Par exemple, pour réduire à un même dénominateur les quatre fractions $\frac{2}{3}$, $\frac{3}{4}$, $\frac{4}{5}$, $\frac{5}{7}$, je multiplie les deux termes 2 et 3 de la première par le produit des trois dénominateurs 4, 5, 7, des autres fractions, produit que je trouve en disant : 4 fois 5 font 20, puis 7 fois 20 font 140 ; je multiplie donc 2 et 3 chacun par 140, et j'ai $\frac{280}{420}$ qui est de même valeur que $\frac{2}{3}$. Je multiplie pareillement les deux termes 3 et 4 de la seconde fraction, par le produit de 3, 5, 7, qui égale 105 ; je multiplie donc 3 et 4 chacun par 105, ce qui donne $\frac{315}{420}$, fraction de même valeur que $\frac{3}{4}$.

Passant à la troisième fraction, je multiplie ses deux termes 4 et 5 chacun par 84, produit des trois dénominateurs 3, 4 et 7, et j'ai $\frac{336}{420}$ au lieu de $\frac{4}{5}$.

Enfin, pour la quatrième, je multiplierai 5 et 7 chacun par le produit 60 des dénominateurs 3, 4 et 5 ; les premières fractions $\frac{2}{3}$, $\frac{3}{4}$, $\frac{4}{5}$, $\frac{5}{7}$, sont changées en $\frac{280}{420}$, $\frac{315}{420}$, $\frac{336}{420}$, $\frac{300}{420}$, moins simples à la vérité que celles-là, mais de même valeur qu'elles, et, de plus, susceptibles, à cause de leur dénominateur commun, des opérations d'addition et de soustraction.

On peut encore réduire les fractions au même dénominateur par la méthode suivante :

On choisit un nombre appelé *dénominateur commun*, tel qu'il puisse être divisé sans reste par chacun des dénominateurs des fractions proposées ; on divise ce nombre par chacun des dénominateurs, et l'on multiplie les deux termes de chaque fraction par le quotient.

On trouve le dénominateur commun en multipliant les uns par les autres les dénominateurs des fractions proposées. On peut se dispenser de multiplier par ceux qui sont sous-multiples de quelque autre.

Exemple : On veut mettre les fractions $\frac{2}{3}$, $\frac{4}{6}$, $\frac{5}{6}$, $\frac{7}{4}$, au même dénominateur.

Opération : $5 \times 6 = 30 \times 8 = 240$, dénominateur commun.

240 dénominateur commun.

$$\frac{1}{3} = 80 \qquad \frac{2}{3} \quad \frac{4}{5} \quad \frac{5}{6} \quad \frac{7}{8}$$
$$\frac{1}{5} = 48 \quad 80 \quad 48 \quad 40 \quad 30$$
$$\frac{1}{6} = 40 \qquad \frac{160}{240} \quad \frac{192}{240} \quad \frac{200}{240} \quad \frac{210}{240}$$
$$\frac{1}{8} = 30$$

Ayant trouvé 240 pour dénominateur commun, je divise ce nombre par 3, par 5, par 6 et par 8, j'ai pour quotients 80, 48, 40 et 30 ; j'écris ces nombres sous les fractions données, et je multiplie chacun de leurs termes par le nombre correspondant 80, 48, etc., et j'ai pour réponses $\frac{160}{240}$, $\frac{192}{240}$, $\frac{200}{240}$, $\frac{210}{240}$.

On conçoit que le dénominateur commun, étant composé du produit de tous les dénominateurs des fractions primitives, est nécessairement divisible par chacun de ces nombres ; il devient donc aisé de former de nouvelles fractions équivalentes aux premières.

C'est ce qu'on exécute, par exemple, pour la fraction $\frac{2}{3}$, en divisant 240 par 3 pour en avoir le tiers 80 ; mais, comme il faut deux tiers pour que cette nouvelle fraction soit en rapport avec la première, on multiplie 80 par deux, et on a 160 ou $\frac{160}{240}$ pour la fraction équivalente à $\frac{2}{3}$. Le rapport s'établit de même entre les termes des autres fractions.

Addition des fractions.

On effectue l'addition des fractions en ajoutant ensemble tous les numérateurs quand les fractions sont au même dénominateur ; si elles n'y sont pas, il faut d'abord les y réduire, ensuite on divise la somme des numérateurs par le dénominateur commun pour avoir les entiers qui s'y trouvent.

Exemple : On demande combien il y a d'entiers dans les fractions suivantes : $\frac{1}{8}$, $\frac{3}{8}$, $\frac{5}{8}$ et $\frac{7}{8}$.

Opération : $1 + 3 + 5 + 7 = \frac{16}{8}$.

La somme $\frac{16}{8}$ égale plus d'une unité, car il ne faut que huit huitièmes pour former l'unité ; en divisant 16 par 8, on trouvera que cette fraction équivaut à deux unités.

La preuve de cette règle se fait par une autre addition de fractions qui ont pour dénominateurs les mêmes que ceux de la règle, et pour numérateurs ce qui manque aux numérateurs de la règle, pour que chacun soit égal à son dénominateur.

On fait la somme de ces fractions que l'on joint à la somme des fractions de la règle, et, si le total donne autant d'unités qu'il y a de fractions dans la question, la règle est bien faite.

Exemple : Un tailleur a quatre coupons de drap : $\frac{2}{3}$, $\frac{3}{4}$, $\frac{5}{6}$ et $\frac{1}{8}$; il veut savoir combien il y a d'entiers :

24 D. C.	24 D. C.
Solution : $\frac{2}{3} \times 8 = \frac{16}{24}$	Preuve : $\frac{1}{3} \times 8 = \frac{8}{24}$
$\frac{3}{4} \times 6 = \frac{18}{24}$	$\frac{1}{4} \times 6 = \frac{6}{24}$
$\frac{5}{6} \times 4 = \frac{20}{24}$	$\frac{1}{6} \times 4 = \frac{4}{24}$
$\frac{1}{8} \times 3 = \frac{3}{24}$	$\frac{7}{8} \times 3 = \frac{21}{24}$

$$57 \mid 24 \qquad\qquad 39 \mid 24$$
$$9 \mid 2\,\tfrac{9}{24} \text{ ou } \tfrac{5}{8} \qquad\qquad 15 \mid 1\,\tfrac{15}{24} \text{ ou } \tfrac{5}{8}$$

$$1\,\tfrac{15}{24} \text{ somme de la preuve.}$$

$$4$$

Soustraction des fractions.

Pour opérer la soustraction des fractions, il faut :

1° Si les deux fractions ont le même dénominateur, retrancher le numérateur de l'une du numérateur de l'autre, et donner au reste le dénominateur commun de ces deux fractions.

Exemple : Si on retranche $\frac{3}{9}$ de $\frac{6}{9}$, le reste sera $\frac{3}{9}$, qui se réduit à $\frac{1}{3}$;

2° Si les fractions n'ont pas le même dénominateur, on les y réduit, ensuite on fait la soustraction comme il vient d'être dit. Ainsi, pour retrancher $\frac{2}{3}$ de $\frac{3}{4}$, je change ces fractions en $\frac{8}{12}$ et $\frac{9}{12}$, et, retranchant 8 de 9, il me reste $\frac{1}{12}$;

3° Si de 9 $\frac{5}{8}$ on voulait retrancher 4 $\frac{7}{8}$, comme on ne peut ôter $\frac{7}{8}$ de $\frac{5}{8}$, on emprunterait sur 9 une unité, laquelle, réduite en huitièmes et ajoutée à $\frac{5}{8}$, ferait $\frac{13}{8}$ desquels, ôtant $\frac{7}{8}$, il resterait $\frac{6}{8}$; ôtant ensuite 4 de 8, qui restent après l'emprunt, il resterait en tout 4 $\frac{6}{8}$ ou 4 $\frac{3}{4}$.

Multiplication des fractions.

On distingue plusieurs cas principaux dans la multiplication des fractions.

Premier cas : des fractions à multiplier par des fractions.

Soit à multiplier $\frac{3}{4}$ par $\frac{5}{8}$.

Puisque le multiplicateur $\frac{5}{8}$ est égal à cinq fois le huitième de l'unité, le produit doit être lui-même égal à cinq fois le huitième du multiplicande $\frac{3}{4}$. Or, pour prendre le huitième de $\frac{3}{4}$, c'est-à-dire un seul huitième de $\frac{3}{4}$, il faut multiplier le dénominateur seulement par 8, ce qui donne $\frac{3}{32}$; ensuite pour obtenir une fraction cinq fois plus grande que $\frac{3}{32}$, il faut multiplier le numérateur par 5, ce qui donne enfin $\frac{15}{32}$ pour le produit demandé.

Pour comprendre la raison de cette méthode, il faut se rappeler que le multiplicateur indique toujours combien de fois il faut prendre le multiplicande.

Ainsi, multiplier $\frac{3}{4}$ par $\frac{5}{8}$, c'est prendre cinq fois le huitième de $\frac{3}{4}$: or, en multipliant le dénominateur 4 par 8, on change les quarts en trente-deuxièmes, c'est-à-dire en parties trente-deux fois plus petites, la fraction $\frac{3}{32}$ égale donc le huitième de $\frac{3}{4}$, et, en multipliant le numérateur 3 par 5, on prend cinq fois cette huitième partie de $\frac{3}{4}$, on multiplie donc en effet $\frac{3}{4}$ par $\frac{5}{8}$.

Mais dans cette opération on a multiplié d'une part les deux numérateurs, et de l'autre les dénominateurs : donc, pour multiplier une fraction par une autre fraction, multipliez numérateur par numérateur et dénominateur par dénominateur; puis donnez le second produit pour dénominateur au premier.

Ainsi, le produit de $\frac{7}{12}$ par $\frac{5}{6}$ est égal à $\frac{35}{72}$;

De même, le produit de $\frac{8}{15}$ par $\frac{3}{4}$ est égal à $\frac{24}{60}$, ou, réduction faite, $\frac{2}{5}$.

Deuxième cas : des entiers à multiplier par des fractions.

Soit à multiplier 12 par $\frac{4}{7}$.

Puisque, dans ce cas, le multiplicateur $\frac{4}{7}$ est égal à quatre fois le septième de l'unité, le produit

doit être égal lui-même à quatre fois le septième de
12. Or, le septième de 12 revient à $\frac{12}{7}$; et pour
prendre ce nombre quatre fois, ou pour obtenir un
nombre quatre fois plus grand que $\frac{12}{7}$, il suffit de
multiplier le numérateur par 4; on obtient alors
$\frac{48}{7}$ ou $6\frac{6}{7}$ pour le produit demandé.

Donc, pour multiplier des entiers par des fractions, il faut multiplier les entiers par le numérateur, et donner au produit le dénominateur de la
fraction; on peut extraire les entiers s'il y a lieu.

Ainsi, le produit de 29 par $\frac{7}{8}$ est égal à $\frac{203}{8}$ ou $25\frac{3}{8}$.

De même, le produit de 24 par $\frac{5}{6}$ est égal à $\frac{120}{6}$
ou 20; résultat qu'on trouverait encore en divisant
d'abord 24 par 6, ce qui donnerait 4, et multipliant ce résultat par 5. Mais ces simplifications ne
sont pas toujours possibles.

On voit que dans le premier et le deuxième cas,
le produit est toujours plus petit que le multiplicande; et cela doit être, puisque l'opération revient
réellement à prendre du multiplicande une partie
indiquée par la fraction multiplicateur; car si, au
lieu de prendre les $\frac{2}{3}$ de $\frac{1}{4}$, on prenait les $\frac{2}{3}$ d'un
entier, le produit donnerait plus qu'une demie;
mais on comprendra que les $\frac{2}{3}$ de $\frac{1}{4}$ doivent donner
pour produit moins qu'une demie, puisque le mul-
tiplicande $\frac{1}{4}$ est moins qu'un entier; de même pour
le deuxième cas.

C'est pourquoi, quand l'élève sera assez avancé
dans la théorie du calcul, il faudra en venir à lui
faire considérer la fraction comme une espèce particulière d'unité.

Troisième cas : des fractions à multiplier par des entiers.

Soit, par exemple, $\frac{7}{12}$ à multiplier par 5.

D'après la définition de la multiplication, puisque le multiplicateur 5 contient cinq fois l'unité, il s'ensuit que le produit doit être égal à cinq fois $\frac{7}{12}$, ou doit être cinq fois plus grand que $\frac{7}{12}$. Or, on a vu qu'on rend une fraction cinq fois plus grande en multipliant son numérateur par 5; il viendra ainsi cinq fois $\frac{7}{12}$ ou $\frac{35}{12}$ pour le produit demandé.

Donc, pour multiplier des fractions par des entiers, il faut multiplier le numérateur par les entiers, et donner au produit le dénominateur de la fraction.

Le produit $\frac{35}{12}$ revient d'ailleurs à 2 $\frac{11}{12}$, comme on peut le voir en extrayant les entiers contenus dans la fraction.

On trouvera de même que le produit de $\frac{13}{24}$ par 29 est égal à $\frac{377}{24}$ ou à 15 $\frac{17}{24}$.

Soit encore à multiplier $\frac{11}{18}$ par 9. Il vient d'abord, d'après la règle, $\frac{99}{18}$ pour le produit, ou, si l'on extrait les entiers, 5 $\frac{9}{18}$, c'est-à-dire 5 $\frac{1}{2}$.

Ce résultat pouvait être obtenu plus simplement; car, pour multiplier $\frac{11}{18}$ par 9, on peut, au lieu de multiplier le numérateur par 9, diviser le dénominateur par 9, ce qui donne $\frac{11}{2}$ ou 5 $\frac{1}{2}$.

Cette manière d'opérer n'est applicable à l'exemple proposé que parce que le dénominateur est divisible par le multiplicateur, ce qui n'arrive pas toujours; tandis que la règle établie d'abord est toujours applicable : l'usage seul peut rendre familières ces sortes de simplifications.

Quand il y a des entiers joints aux fractions, on peut, avant de faire la multiplication, réduire ces entiers chacun en fractions de même espèce que celles qui l'accompagnent. Exemple : $12\frac{1}{5}$ à multiplier par $9\frac{3}{4}$, je change le multiplicande en $\frac{61}{5}$ et le multiplicateur en $\frac{39}{4}$, et je multiplie $\frac{61}{5}$ par $\frac{39}{4}$, ce qui donne $\frac{2457}{20}$, qui équivalent à $122\frac{17}{20}$. On voit que pour obtenir ce résultat on a multiplié les entiers par le dénominateur et ajouté le numérateur au produit (1).

Division des fractions.

La division a pour but, étant donné un produit de deux facteurs et l'un de ces facteurs, de déterminer l'autre.

Il résulte de cette définition et de celle de la multiplication que le premier nombre, appelé *dividende* se compose avec le troisième, appelé *quotient* de la même manière que le second, nommé *diviseur* se compose avec l'unité.

Cela posé, dans la division, comme dans la multiplication des fractions, il se présente trois cas principaux.

Premier cas : à diviser des fractions par des fractions.

Soit à diviser $\frac{3}{5}$ par $\frac{8}{11}$.

Le diviseur $\frac{8}{11}$ étant égal à huit fois le onzième de l'unité, le dividende $\frac{3}{5}$ doit aussi être égal à huit fois le onzième du quotient ;

Donc, le huitième de $\frac{3}{5}$ ou $\frac{3}{40}$ est le onzième du quotient, et onze fois $\frac{3}{40}$ ou $\frac{33}{40}$ est le quotient cherché.

Donc, pour diviser des fractions par des frac-

(1) Voyez page 50, les transformations.

tions, il faut multiplier le numérateur de la fraction dividende par le dénominateur de la fraction diviseur, puis le dénominateur de la fraction dividende par le numérateur de la fraction diviseur, et donner le second produit pour dénominateur au premier. Ou bien, en termes plus simples, multiplier la fraction dividende par la fraction diviseur renversée.

Exemple : Pour diviser $\frac{4}{5}$ par $\frac{2}{3}$, je renverse la fraction $\frac{2}{3}$, ce qui donne $\frac{3}{2}$; je multiplie $\frac{4}{5}$ par $\frac{3}{2}$, selon la règle donnée, et j'ai $\frac{12}{10}$ ou $1\frac{2}{10}$ pour le quotient de $\frac{4}{5}$ divisé par $\frac{2}{3}$.

Il faut, pour comprendre l'exactitude de cette méthode, se rappeler que diviser $\frac{4}{5}$ par $\frac{2}{3}$, c'est chercher un nombre tel que si on le multiplie par $\frac{2}{3}$ le produit égale $\frac{4}{5}$; mais multiplier un nombre par $\frac{2}{3}$, c'est prendre les $\frac{2}{3}$ de ce nombre ; $\frac{4}{5}$ égale donc les $\frac{2}{3}$ du quotient : or, en multipliant 2 par 5, on a eu la fraction $\frac{4}{10}$ qui égale la moitié de $\frac{4}{5}$, et par conséquent le $\frac{1}{3}$ du nombre cherché ; en multipliant donc $\frac{4}{10}$ par 3, on aura la fraction $\frac{12}{10}$ pour le nombre demandé ; pour faire cette opération, on a multiplié le dénominateur du dividende par le numérateur du diviseur, et le numérateur du dividende par le dénominateur du diviseur.

Observation.

Pour mieux comprendre la division des fractions, il faut en faire la preuve en disant : puisque $\frac{12}{10}$ est le quotient de $\frac{4}{5}$ divisé par $\frac{2}{3}$, je multiplie le diviseur par le quotient, et j'ai $\frac{24}{30}$ qui, réduit à sa plus simple expression, égale $\frac{4}{5}$. Donc, diviser $\frac{4}{5}$ par $\frac{2}{3}$, c'est chercher un nombre tel que, si on le multiplie par $\frac{2}{3}$, le produit égale $\frac{4}{5}$.

Deuxième cas : à diviser des fractions par des entiers.

Soit les fractions $\frac{5}{7}$ à diviser par 6.

Puisque le diviseur 6 est égal à six fois l'unité, il s'ensuit que le dividende $\frac{5}{7}$ doit être égal à six fois le quotient cherché ; ou, ce qui revient au même, le quotient doit être le sixième de $\frac{5}{7}$. Or, pour prendre le sixième d'une fraction, ou pour obtenir une fraction six fois plus petite, il faut multiplier le dénominateur par 6 ; ainsi, l'on obtient six fois $\frac{5}{7}$ ou $\frac{5}{42}$ pour le quotient demandé (1).

Règle générale.

Pour diviser des fractions par des entiers, il faut multiplier le dénominateur par les entiers en laissant le numérateur tel qu'il est.

Ainsi, $\frac{11}{12}$ divisé par 8 donne $\frac{11}{96}$ pour quotient ; $\frac{23}{30}$ divisé par 12 donne $\frac{23}{360}$.

Le quotient de $\frac{18}{25}$ par 6 est $\frac{18}{150}$; mais on peut encore effectuer la division de $\frac{18}{25}$ par 6 en prenant le sixième du numérateur, ce qui donne $\frac{3}{25}$, résultat auquel se réduit d'ailleurs $\frac{18}{150}$ lorsqu'on supprime le facteur 6 commun aux deux termes.

Quand on a des entiers à diviser par des fractions, ou des fractions à diviser par des entiers, on peut donner la forme d'une fraction à ces entiers en leur donnant l'unité pour dénominateur.

Troisième cas : à diviser des entiers par des fractions.

Soit à diviser 12 par $\frac{7}{9}$.

(1) Voyez première transformation.

Comme le diviseur $\frac{7}{9}$ est égal à sept fois le neuvième de l'unité, on déduit que le dividende 12 est aussi égal à sept fois le neuvième du quotient cherché, et, pour obtenir ce quotient lui-même, il suffit de prendre $\frac{12}{7}$ neuf fois, ce qui se fait en multipliant le numérateur par 9, et l'on obtient ainsi neuf fois douze septièmes ou $\frac{108}{7}$ en extrayant les entiers $15\frac{1}{7}$ (1).

Donc, pour diviser des entiers par des fractions, il faut multiplier les entiers par le dénominateur, et diviser le produit par le numérateur.

Observons que, puisqu'il faut prendre le septième de 12 et multiplier le résultat par 9, cela revient à multiplier 12 par $\frac{9}{7}$; ainsi, l'on peut encore dire que pour diviser des entiers par des fractions il faut multiplier les entiers par la fraction diviseur renversée.

Enfin, si l'on avait un entier ou des entiers joints à une fraction, on réduirait les entiers en fractions, et l'on opérerait comme dans le premier cas.

Soit, par exemple, $12\frac{3}{4}$ à diviser par $6\frac{2}{3}$.

Ces deux nombres reviennent respectivement à $\frac{51}{4}$ et $\frac{20}{3}$; d'où, effectuant la division comme dans le premier cas, on déduit pour quotient $\frac{153}{80}$ ou $1\frac{73}{80}$.

De même, $4\frac{7}{11}$ divisé par $15\frac{5}{6}$ donne pour quotient $\frac{408}{1375}$, ou $3\frac{151}{405}$.

Mais, toutes les fois que, dans la division, le diviseur est une fraction, le quotient est plus grand que le dividende; car ce quotient résulte de la multiplication du dividende par le diviseur renversé, lequel devient alors un nombre plus grand que l'unité.

(1) Voyez deuxième transformation.

DES FRACTIONS DE FRACTIONS.

A la multiplication des fractions se rattache une autre espèce d'opérations, connue sous le nom de *fractions de fractions*.

Pour donner une idée nette de cette opération, supposons d'abord que des fractions $\frac{5}{7}$ on ait à prendre une partie indiquée par $\frac{2}{3}$; en d'autres termes, on demande les $\frac{2}{3}$ de $\frac{5}{7}$.

Comme, pour effectuer cette opération, il faut prendre deux fois le tiers de $\frac{5}{7}$, cela revient à multiplier $\frac{5}{7}$ par $\frac{2}{3}$, ce qui se fait en multipliant numérateur par numérateur et dénominateur par dénominateur; on obtient ainsi $\frac{10}{21}$ pour les $\frac{2}{3}$ de $\frac{5}{7}$.

Maintenant, supposons que de la nouvelle fraction $\frac{10}{21}$ on veuille prendre une partie indiquée par $\frac{8}{13}$, auquel cas la question aura réellement pour objet de prendre les $\frac{8}{13}$ des $\frac{2}{3}$ de $\frac{5}{7}$.

Or, pour obtenir les $\frac{8}{13}$ de $\frac{10}{21}$, il faut multiplier $\frac{10}{21}$ par $\frac{8}{13}$, ce qui se fait en multipliant entre eux, d'une part, les deux numérateurs, et, d'autre part, les deux dénominateurs; on obtient alors $\frac{80}{273}$ pour les $\frac{8}{13}$ des $\frac{2}{3}$ de $\frac{5}{7}$.

On peut encore, si l'on veut, prendre les $\frac{3}{11}$ de $\frac{80}{273}$, c'est-à-dire multiplier $\frac{80}{273}$ par $\frac{3}{11}$, et le nouveau résultat $\frac{240}{3003}$ représentera les $\frac{3}{11}$ des $\frac{8}{13}$ des $\frac{2}{3}$ de $\frac{5}{7}$.

Soit proposé, pour exemple, de prendre les $\frac{2}{3}$ des $\frac{3}{4}$ des $\frac{5}{8}$ des $\frac{6}{7}$ de 12.

D'abord, prendre les $\frac{6}{7}$ de 12, revient à multiplier 12 par $\frac{6}{7}$, ce qui donne $\frac{72}{7}$.

Prendre ensuite les $\frac{5}{8}$ des $\frac{6}{7}$ de 12 revient à prendre les $\frac{5}{8}$ de $\frac{72}{7}$, ou à multiplier $\frac{72}{7}$ par $\frac{5}{8}$, ce qui donne $\frac{360}{56}$.

Prendre les $\frac{3}{4}$ des $\frac{5}{8}$ des $\frac{6}{7}$ de 12 revient à prendre les $\frac{3}{4}$ de $\frac{360}{56}$, ou à multiplier $\frac{360}{56}$ par $\frac{3}{4}$, ce qui donne $\frac{1080}{224}$.

Enfin, pour obtenir les $\frac{2}{3}$ des $\frac{3}{4}$ des $\frac{5}{8}$ des $\frac{6}{7}$ de 12, il faut multiplier $\frac{1080}{224}$ par $\frac{2}{3}$, et l'on obtient $\frac{2160}{672}$.

Extrayant les entiers contenus dans ce résultat, on a 3 $\frac{144}{672}$, ou, réduisant la fraction, 3 $\frac{3}{14}$.

En réfléchissant sur la marche qui vient d'être suivie, on voit que, pour prendre des fractions de fractions, il faut multiplier les numérateurs entre eux, en faire de même des dénominateurs, et donner le second produit pour dénominateur au premier.

Si l'on a à prendre des fractions de fractions d'un nombre entier, comme dans le second exemple, il faut mettre cet entier sous la forme d'une fraction en lui donnant l'unité pour dénominateur, et appliquer la règle qui vient d'être établie.

On réduit les fractions de fractions à une seule fraction en multipliant numérateur par numérateur et dénominateur par dénominateur. Exemple : les $\frac{2}{3}$ des $\frac{3}{4}$ de l'unité donnent $\frac{6}{12}$; en multipliant 3 par 4, j'ai eu $\frac{2}{12}$, fraction quatre fois plus petite que $\frac{2}{3}$, j'en ai pris le quart, et, en multipliant 2 par 3, j'ai pris ce quart trois fois, donc j'ai pris les $\frac{3}{4}$ de $\frac{2}{3}$.

Ainsi, pour réduire les fractions de fractions à une fraction simple, il faut, etc.

Problème.

On demandait à un arithméticien quelle heure il était. Il répondit : il est les $\frac{3}{4}$ des $\frac{5}{6}$ des $\frac{7}{12}$ des $\frac{6}{7}$ de vingt-quatre heures.

Quelle heure était-il?

Pour résoudre cette question, écrivez sur une première ligne horizontale tous les numérateurs, y compris l'entier, et sur une seconde ligne tous les dénominateurs.

Cela posé, faites le produit des nombres de la première ligne et celui des nombres de la seconde ligne, puis divisez le premier produit par le second; vous obtenez $\frac{15120}{2016}$ pour résultat; extrayant les entiers, vous avez $7\,\frac{1008}{2016}$, ou, réduisant, $7\,\frac{1}{2}$.

Donc, il était 7 heures $\frac{1}{2}$.

On peut simplifier l'opération en observant que, comme 7 doit évidemment être un facteur commun au produit des numérateurs et à celui des dénominateurs, rien n'empêche de supprimer ce facteur avant d'effectuer les multiplications; il en est de même du facteur 6, du facteur 12 qui, se trouvant au nombre des dénominateurs, se trouve aussi dans 24; on peut encore supprimer le facteur 2, qui, étant le quotient de 24 par 12, se trouve dans le dénominateur 4.

Il vient alors, après la suppression de tous ces facteurs, trois fois $\frac{5}{2}$ ou $\frac{15}{2}$ ou $7\,\frac{1}{2}$, comme on l'a trouvé plus haut. Mais ces sortes de simplifications demandent beaucoup d'habitude et d'attention, tandis que la règle établie précédemment est générale et conduit au même but.

Il faut observer que les $\frac{2}{3}$ des $\frac{3}{4}$ d'un nombre forment les $\frac{6}{12}$ ou la moitié de ce nombre. De même, le tiers du cinquième d'un nombre est égal à $\frac{1}{15}$ de ce nombre ; la moitié des $\frac{3}{4}$ est égale aux $\frac{3}{8}$, etc.

Observation générale sur les fractions.

Il résulte évidemment de la nature des procédés établis pour le calcul des fractions que les quatre opérations fondamentales effectuées sur cette sorte de nombre, savoir : l'addition, la soustraction, la multiplication et la division, se réduisent toujours, en dernière analyse, aux mêmes opérations effectuées sur des nombres entiers.

Ainsi, par exemple, l'addition et la soustraction des fractions se ramènent, par la réduction des fractions au même dénominateur, à l'addition et à la soustraction de leurs numérateurs.

De même, la multiplication s'effectue en multipliant les numérateurs entre eux, et les dénominateurs entre eux.

La division rentre dans la multiplication dès que l'on a renversé la fraction diviseur.

D'où l'on peut conclure que les principes sur la multiplication des nombres entiers sont également applicables aux fractions, c'est-à-dire que :

1° Multiplier une fraction par le produit de plusieurs autres revient à multiplier la première fraction successivement par chacun des facteurs du produit.

2° Le produit de deux ou plusieurs fractions est

le même, dans quelque ordre qu'on effectue leur multiplication.

Enfin, on peut appliquer aux fractions toutes les propositions sur les changements qu'éprouve le produit d'une multiplication ou le quotient d'une division, lorsqu'on fait subir certains changements à l'un des termes de l'opération que l'on a en vue d'effectuer.

Réduction des fractions ordinaires en décimales.

Pour réduire une fraction ordinaire en décimales, il faut écrire à la droite du numérateur autant de zéros qu'on veut avoir de chiffres décimaux, et le diviser par le dénominateur.

On sépare du quotient autant de décimales qu'on a placé de zéros au numérateur ; et pour marquer ces décimales, on met au quotient, à la place des unités, un zéro suivi d'une virgule. Exemple : réduire $\frac{8}{25}$ en fractions décimales.

Pour résoudre ce problème, j'écris deux zéros à la suite du 8 pour réduire le numérateur en centièmes, et je divise par 25 ; mais comme le quotient ne doit pas renfermer d'unités, je place d'abord un zéro au quotient, et continuant l'opération, je trouve 0,32 pour réponse.

Pour rendre raison de cette règle, il faut se rappeler que, pour réduire en décimales le reste d'une division, il faut ajouter à ce reste autant de zéros qu'on veut avoir de chiffres décimaux au quotient ; or, le numérateur d'une fraction peut être considéré comme le reste d'une division dont le dénominateur est le diviseur; donc, pour réduire une fraction en décimales, il faut, etc.

Remarque. On peut considérer une fraction comme une division qui a pour diviseur le nombre qui exprime en combien de parties l'unité est divisée ou partagée, et, pour dividende, le nombre que l'on a de ces parties.

En effet, soit à diviser 3 par 8, l'opération se réduit à prendre la huitième partie de trois entiers.

Or, la huitième partie d'un entier s'écrit $\frac{1}{8}$; celle de 3 entiers s'écrira $\frac{3}{8}$: par où l'on voit que le terme supérieur représente le dividende, et le terme inférieur le diviseur.

On pourrait encore diviser $\frac{1}{8}$ par 8, etc., etc.

Observation.

Plus on emploie de figures pour représenter un nombre entier, plus ce nombre est grand; au contraire, dans les fractions, plus il faut employer de figures pour représenter le dénominateur, plus la fraction est petite, de même que les fractions décimales.

Et on pourrait, d'après mon système décimal multiple, faire un second tableau qui représenterait le petit système décimal, les fractions, etc.

Remarque. On dit aussi qu'une fraction peut encore être considérée comme le quotient de son numérateur divisé par son dénominateur; en sorte que treize fois le quinzième de l'unité, ou treize quinzièmes, et la quinzième partie de 13, ou 13 divisé par 15 sont des expressions identiques.

En effet, supposons que 13 soit le reste d'une division dont 15 est le diviseur ; pour que le dividende soit entièrement partagé entre chaque unité du diviseur, il faut que chaque unité du diviseur reçoive aussi la quinzième partie du reste 13 ; et, pour diviser 13 par 15, on réduit 13 en dixièmes, puis en centièmes.

Exemple :

$$\begin{array}{r|l} 148 & 15 \\ \hline 13 & 9 \quad \tfrac{13}{15} \text{ ou } 9{,}86. \end{array}$$

CHAPITRE III.

CALCUL DÉCIMAL.

Il y a plusieurs manières d'énoncer les nombres décimaux :

1° On exprime d'abord le nombre entier, et ensuite on réunit toutes les décimales sous une seule dénomination qui est celle du premier chiffre à droite.

De cette manière, les nombres 4,75 et 7,4268 s'exprimeront : 4 entiers 75 centièmes, et 7 entiers 4268 dix millièmes.

(Comme on le voit, les décimales suivent le système de numération des entiers, mais dans le sens inverse ; le dixième est dix fois plus petit que l'unité, tandis que la dizaine est l'unité répétée dix fois ; le centième exprime la centième partie de l'unité, et une centaine est l'unité répétée cent fois.)

2° On exprime d'abord le nombre entier et ensuite les chiffres décimaux, en les désignant, par exemple, pour énoncer les nombres 4,75 et 7,4268, on dit : 4 entiers 7 dixièmes 5 centièmes, et 7 entiers 4 dixièmes 2 centièmes 6 millièmes 8 dix millièmes ;

3° Quand il y a beaucoup de chiffres décimaux, on peut employer le procédé indiqué au sujet des nombres entiers. Ainsi, par exemple, 8042, la valeur absolue du premier chiffre est 8, et sa valeur relative 8 mille, parce qu'il est au quatrième rang, etc., en sens inverse, c'est-à-dire qu'après avoir divisé le nombre en tranches de trois chiffres, à partir de la virgule, on énoncera ensuite chaque tranche séparément, en lui donnant le nom de la dernière espèce d'unités qui la composent ; cette dernière tranche pourra n'avoir qu'un ou deux chiffres.

Par cette méthode, le nombre 8,476965 s'énoncera : 8 entiers 476 millièmes 965 millionièmes, et le nombre 3,60405 s'exprimera : 3 entiers 604 millièmes, 5 centièmes.

Si le nombre ne contient pas d'entiers, on n'en fait aucune mention dans l'énoncé. Ainsi, on ne dit pas 0 entier 25 centièmes, mais simplement 25 centièmes. Pourvu que la virgule qui sépare les entiers des chiffres décimaux ne soit pas déplacée, les zéros, en quelque nombre qu'on les écrive à leur suite, n'en changent point la valeur ; les parties sont dix fois, cent fois plus nombreuses, mais elles sont dix fois, cent fois, etc., plus petites. Exemple : 0,25 centièmes deviennent, par l'addition d'un zéro 0,250 millièmes, par celle de deux zéros, 0,2500 dix millièmes, etc., mais la valeur du nombre est toujours équivalente à 25 centièmes.

Addition des nombres décimaux.

L'addition des nombres décimaux se fait comme celle des nombres entiers, mais on sépare à droite du résultat, par une virgule, autant de chiffres qu'il y a de décimales dans celui des nombres qui en a le plus parmi ceux qu'on a additionnés.

Exemple : Soit proposé de faire l'addition des nombres suivants : 3 579 unités 25 centièmes, 4 682 unités 05 centièmes, 573 unités 75 centièmes, et 7 856 unités 80 centièmes.

```
Opération :        3 579,25
                   4 682,05
                     573,75
                   7 856.80
                   ________
Total.            16 691,85
```

La preuve se fait de même que la preuve des nombres entiers.

Soustraction des nombres décimaux.

La soustraction des nombres décimaux se fait comme celle des nombres entiers.

On écrit les unités sous les unités, les dizaines

sous les dizaines , etc., et les unités décimales de même espèce les unes sous les autres , c'est-à-dire les dixièmes sous les dixièmes , etc.

Exemple :

$$
\begin{array}{r}
24{,}45 \\
3{,}15 \\
\hline
\text{reste} \quad 21{,}30
\end{array}
$$

Si le nombre des chiffres décimaux n'est pas le même, on met, à la suite de celui qui en a le moins, autant de zéros qu'il en faut pour que les unités décimales soient de même espèce dans les deux nombres, et on opère comme à l'ordinaire ; puis on sépare à la réponse, par une virgule, autant de chiffres décimaux qu'en contient le nombre qui en avait primitivement le plus. Exemple : de 3 456,7, on veut ôter 2 986,354.

Opération :

$$
\begin{array}{r}
3\ 456{,}700 \\
2\ 986{,}354 \\
\hline
\text{reste} \quad 470{,}346
\end{array}
$$

On met deux 0 à la suite du 7 afin que ce nombre ait autant de chiffres décimaux que l'autre ; on a séparé à la réponse trois chiffres décimaux, parce que l'un des nombres en a trois, et le résultat est 470 unités 346 millièmes.

La preuve de la soustraction se fait en ajoutant la plus petite quantité au reste ; si la somme égale la grande quantité, l'opération est juste.

Exemple : de 35,678, on veut ôter 27,899.

$$35,378$$
$$27,899$$

reste   7,479

35,678   preuve.

Multiplication des nombres décimaux.

La multiplication des nombres décimaux se fait comme celle des nombres entiers, sans avoir égard à la virgule ; mais on sépare à la droite du produit autant de chiffres décimaux qu'il y en a dans les deux facteurs.

Exemple :   4,35
               8,26

               2,610
                870
          3,480

         35,9310

Je sépare quatre chiffres décimaux, parce qu'il y en a deux dans chaque facteur.

Pour rendre raison de cette méthode, il faut se rappeler que multiplier 4,35 par 8,26, ou, ce qui est la même chose, par 826 centièmes, c'est prendre huit cent vingt-six fois la centième partie de 4,35. Mais on en aura la centième partie en déplaçant la virgule de deux rangs vers la gauche, ce qui donnera 0,0435, 4,35 ; il n'y a donc plus qu'à répéter huit cent ving-six fois cette centième partie pour avoir le produit demandé ; le produit sera composé de décimales de cette nature ; pour en séparer les unités, il faudra donc en prendre la dix millième partie, c'est-à-dire séparer quatre chiffres par la virgule. Le même raisonnement conduirait à avoir trois chiffres décimaux de plus au produit, s'il y en avait trois au multiplicateur ; quatre, si celui-ci en avait quatre, etc., d'où l'on conclut cette méthode : la multiplication des nombres accompagnés de chiffres décimaux se fait comme celle des nombres entiers.

On peut encore justifier l'exactitude de cette méthode par ce qui suit :

Par le déplacement de la virgule d'une place vers la droite, dans un nombre accompagné de fractions décimales, on le rend dix fois plus grand ; si on la recule de deux places, on le rend cent fois plus grand, etc., c'est-à-dire qu'on le multiplie par 10, par 100, etc.

Ainsi, dans l'exemple précédent, ayant rendu chacun des facteurs cent fois plus grand par la suppression de la virgule, le produit doit aussi avoir éprouvé une augmentation proportionnelle.

En effet, on a opéré comme si on avait eu 435 unités à multiplier ; tandis que l'on n'a que 4 unités 35 centièmes, c'est-à-dire que le multiplicande est cent fois trop grand, et pour cette raison on doit rendre le produit cent fois plus petit, et écrire 35,9310.

En second lieu le multiplicateur n'est pas 825 unités, mais seulement 8 unités 25 centièmes, nombre cent fois moindre : pour cette seconde raison le produit 3593,10 est encore cent fois trop fort, et, pour le réduire à sa véritable valeur, on doit encore séparer deux chiffres et écrire 35,9310.

Si l'on n'avait que des fractions décimales pour facteurs, on ferait abstraction des virgules et des zéros qui les précèdent et même de ceux qui les suivent jusqu'aux chiffres significatifs, puis on ferait la multiplication de ces derniers chiffres, et on séparerait à la droite du produit, par une virgule, autant de chiffres décimaux qu'il y en aurait dans les deux facteurs ; si le produit n'en donnait pas assez, on les ferait précéder par autant de zéros qu'il serait nécessaire, et on mettrait aussi un zéro à la place des unités.

$$
\begin{array}{r}
0,054 \\
0,056 \\
\hline
324 \\
270 \\
\hline
0,003024
\end{array}
$$

Ayant multiplié 54 par 56, j'ai 3 024 au produit ; mais, comme je dois séparer six chiffres décimaux, je place deux 0 à la gauche de ce produit, je les fais précéder de la virgule et d'un autre 0 pour annoncer que le nombre ne contient pas d'unités, et j'ai 0,003024 qu'il faut lire 3 024 millionièmes.

Division des nombres décimaux.

La division des nombres décimaux s'effectue comme celle des nombres entiers ; mais il faut que le dividende et le diviseur aient le même nombre de chiffres décimaux ; si l'un de ces termes en a plus que l'autre, il faut écrire des zéros à la suite de celui qui a le moins de décimales pour qu'il en ait autant que l'autre ; ensuite on fait abstraction de la virgule, et on divise comme à l'ordinaire.

Exemple. Soit à diviser : 32,75 par 5.

$$\begin{array}{r|l} 32\,75 & 500 \\ \cline{2-2} 2\,750 & 6{,}55 \\ 2\,500 & \\ 000 & \end{array}$$

Je prépare cette opération en mettant deux 0 à la suite du diviseur pour lui donner autant de chiffres décimaux qu'en a le dividende, et, ayant effectué la division suivant les règles précédentes, je trouve pour quotient 6 unités 55 centièmes. La valeur du quotient est conservée malgré l'addition des 0 à la suite du diviseur ; car si 5,00 (ou 5, diviseur réel), multiplié par le quotient doit donner 32,75, 500 (diviseur préparé qui égale cent fois le premier), multiplié par le même quotient, donnera 3275 (dividende préparé qui égale aussi cent fois le dividende réel).

En suivant le même principe, si on avait, par exemple, 24,2 à diviser par 6,252, le dividende deviendrait 24,200, et on ferait l'opération comme si l'on avait 24 200 entiers à diviser par 6 252 entiers.

Pour diviser 36 par 4,3684, le dividende serait 360 000, et le diviseur 43 684 ; ainsi des autres.

On sait que lorsqu'il n'y a que le dividende qui est affecté de décimales, il n'est pas nécessaire d'en figurer autant par des zéros au diviseur ; mais c'est pour tout réduire à une règle générale que l'on donne cette méthode.

CHAPITRE IV.

SYSTÈME MÉTRIQUE DÉCIMAL DES POIDS ET MESURES.

TABLEAU DES MESURES LÉGALES.

MESURES DE LONGUEUR.

Multiples.

Noms systématiques.	Valeur.
Myriamètre	Dix mille mètres.
Kilomètre................	Mille mètres.
Hectomètre	Cent mètres.
Décamètre...............	Dix mètres.
Mètre...................	Unité fondamentale des poids et mesures, dix millionième partie du quart du méridien terrestre.

Sous-multiples.

Décimètre	Dixième du mètre.
Centimètre	Centième du mètre.
Millimètre	Millième du mètre.

MESURES AGRAIRES.

Noms systématiques.	Valeur.
Hectare	Cent ares ou dix mille mètres carrés.
Are	Cent mètres carrés, carré de dix mètres de côté.
Centiare.................	Centième de l'are, ou mètre carré.

MESURES DE CAPACITÉ POUR LES LIQUEURS ET LES MATIÈRES SÈCHES.

Kilolitre	Mille litres.
Hectolitre	Cent litres.
Décalitre.................	Dix litres.
Litre	Décimètre cube.
Décilitre.................	Dixième du litre.
Centilitre	Centième du litre.

MESURES DE SOLIDITÉ.

Décastère................	Dix stères.
Stère	Mètre cube.
Décistère	Dixième de stère.

POIDS.

Kilogramme...........

- Mille kilogrammes, poids du mètre cube d'eau et du tonneau de mer.
- Cent kilogrammes, quintal métrique (1).
- Mille grammes, poids, dans le vide, d'un décimètre cube d'eau distillée à la température de 4 degrés centigrades.

(1) Ces deux mesures n'ont pas reçu de noms particuliers.

Noms systématiques.	Valeur.
Hectogramme	Cent grammes.
Décagramme..............	Dix grammes.
Gramme.	Poids d'un centimètre cube d'eau à 4 degrés centigrades.
Décigramme.............	Dixième du gramme.
Centigramme	Centième du gramme.
Milligramme	Millième du gramme.

MONNAIES.

Franc...................	Cinq grammes d'argent au titre de neuf dixièmes de fin.
Décime.................	Dixième du franc.
Centime	Centième du franc.

Mesures métriques en général.

Le système métrique est l'ensemble des principes d'après lesquels on a déterminé, d'une manière uniforme, les poids et les mesures qui ont le mètre pour base, et dont l'usage est seul autorisé en France.

Pour déterminer les poids et les mesures, on a d'abord adopté, pour unité fondamentale, la dix-millionième partie du quart du méridien terrestre, que l'on a appelée *mètre*.

Cette mesure fondamentale a été également prise pour l'unité des mesures de longueur.

La mesure constitutive une fois déterminée, on en a déduit toutes les autres de la manière suivante :

Un carré ayant dix mètres de côté a été adopté pour l'unité des mesures agraires, et nommé *are*.

L'unité employée pour évaluer les autres surfaces

est un carré d'un mètre de côté, que l'on appelle *mètre carré*.

Un cube d'un mètre de côté a été adopté pour l'unité des mesures de solidité, sous le nom de *stère*.

Un vase de forme cubique, dont les dimensions intérieures sont égales à un dixième du mètre, a été pris pour l'unité des mesures de capacité, et a reçu le nom de *litre*.

Le poids absolu d'un centimètre cube d'eau distillée, ramenée à son maximum de densité, a été adopté pour l'unité des mesures de poids, et nommé *gramme*.

(Pour l'obtenir, on a pesé dans le vide onze décimètres cubes vingt-neuf centièmes environ d'eau distillée et prise à son maximum de densité, et, au moyen du calcul, on en a déduit le poids d'un centimètre cube de même eau.)

On sait que les corps sont composés de molécules que la chaleur écarte et que le froid rapproche : dans le premier cas, le volume des corps occupe donc plus de place que dans le second. On appelle *dilatation* l'effet par lequel les molécules s'écartent, et *condensation* celui par lequel elles se rapprochent.

On dit que l'eau est à son maximum de densité ou de condensation quand elle est au degré où son volume occupe le moins de place, ce qui a lieu quand elle est à la température de 4 degrés centigrades.

L'eau distillée est celle qui est débarrassée de

toute matière étrangère. Elle a été pesée dans le vide, c'est-à-dire dans un récipient privé d'air, pour en rendre le poids indépendant des variations atmosphériques.

Enfin une pièce de monnaie du poids de cinq grammes, contenant neuf dixièmes d'argent et un dixième de cuivre, a été adoptée pour l'unité monétaire sous le nom de *franc*.

Les unités principales du système métrique sont donc au nombre de six, savoir :

1° Le *mètre*, pour les mesures de longueur ;

2° L'*are*, pour les mesures agraires ;

3° Le *stère*, pour les mesures de solidité ;

4° Le *litre*, pour les mesures de capacité ;

5° Le *gramme*, pour les mesures de poids ;

6° Le *franc*, pour les mesures de monnaies.

Ce système est appelé *métrique* parce que c'est du mètre que dérivent les autres mesures ; en effet :

L'*are* dérive du mètre, puisqu'il est un carré qui a dix mètres sur chaque côté et cent mètres de superficie ;

Le *stère* dérive du mètre, puisqu'il est un mètre cube ;

Le *litre* dérive du mètre, puisqu'il est la capacité d'un cube d'un décimètre de côté ;

Le *gramme* dérive du mètre, puisqu'il est le poids absolu d'un centimètre cube d'eau distillée ;

Le *franc*, enfin, dérive du mètre, puisqu'il pèse cinq grammes et que le gramme est basé sur le mètre.

Multiples et sous-multiples des unités métriques.

Pour exprimer la multiplication des unités métriques, suivant l'ordre décimal, on place, avant le nom de l'unité, les mots suivants, qu'on appelle multiples décimaux :

Multiples.

Déca, qui signifie	10
Hecto,	100
Kilo,	1 000
Myria,	10 000

Sous-multiples.

Déci, qui signifie	10^e
Centi,	100^e
Milli,	1000^e

On a déterminé la grandeur linéaire qui a pour base le mètre, d'après la circonférence, ou plutôt le quart de la circonférence du globe que nous habitons ; mesure qui offre de si grands avantages qu'elle ne tardera probablement pas à être adoptée par tous les peuples : mais, quand on connaîtrait exactement la grandeur du soleil, on ne pourrait encore déterminer la grandeur absolue, car il pourrait exister quelque chose de plus grand encore ; puisque les mondes semblent s'étendre à l'infini comme la numération s'étend à l'infini : donc, pour se former une idée d'une grandeur quelconque, il faut la comparer à une autre grandeur convenue, de même espèce, qui peut être prise arbitrairement ou dans la nature. Le résultat de cette comparaison est ce que l'on appelle *nombre*.

Mais si, au lieu de comparer une grandeur à son unité, on veut comparer deux grandeurs quelconques d'une même espèce, ce qui revient à comparer les deux nombres qui les expriment, le résultat de cette comparaison est ce qui constitue le *rapport* ou la *raison* des deux nombres. Ces deux mots, *rapport* et *raison*, sont synonymes en mathématiques, et expriment l'idée qu'on se fait d'une grandeur par le moyen d'une autre grandeur à laquelle on la compare, et qui doit être essentiellement de même espèce.

Dans ce sens, un nombre est l'expression du rapport ou de la raison d'une grandeur à son unité.

CHAPITRE V.

PROPORTIONS.

Une *proportion* est l'égalité de deux rapports.

Un *rapport* est le résultat de la comparaison de deux nombres.

Il y a deux sortes de rapports : les *rapports par différence* ou *par soustraction* et les *rapports par quotient* ou *par division* ; ces rapports se nomment aussi raison.

Le *rapport par différence* est le résultat d'une soustraction ; par exemple, le rapport de 8 à 11 est 3, car la différence de 11 à 8 est 3. On met un point entre les deux termes qui forment un rapport par différence. Exemple : 8.11, et on lit : 8 est à 11.

Le *rapport par quotient* est le résultat d'une division ; ainsi le rapport ou la raison de 12 à 4 est 3, parce que 3 est le quotient de 12 divisé par 4 ; celui de 15 à 7 est $2\frac{1}{7}$, parce que $2\frac{1}{7}$ est le quotient de 15 divisé par 7. Il résulte de là que, pour trouver le rapport par quotient qui existe entre deux nombres, il faut diviser l'un par l'autre, et le quotient donne la réponse.

Les deux termes de ce rapport se lient par deux points. Exemple : 12 : 4, qu'on lit 12 est à 4.

Si les deux rapports égaux qui forment une proportion sont des rapports par soustraction, elle est appelée *proportion par différence* ou *équidifférence*; et si ce sont deux rapports par division, la proportion est dite par *quotient*.

Ainsi, 8 et 4, 12 et 8, forment une proportion par différence ou une équidifférence, parce que la différence de 8 à 4 est la même que celle de 12 à 8 et on l'écrit ainsi : 8.4:12.8, et on l'énonce en disant : 8 est à 4 comme 12 est à 8. Et ces deux autres rapports 12 et 3, 20 et 5, forment une proportion par quotient, car le rapport de 12 à 3 est le même que celui de 20 à 5. En effet, le quotient de 12 par 3=4 comme celui de 20 par 5=4. Une proportion par quotient s'écrit ainsi : 12:3::20:5, qu'on lit 12 est à 3 comme 20 est à 5.

Le premier et le troisième terme d'une proportion sont appelés *antécédents*, et le deuxième et le quatrième *conséquents*; le premier et le dernier se nomment aussi *extrémes*, et les deux du milieu *moyens*.

Propriété des proportions par différence.

La propriété principale des proportions par différence est que la somme des extrêmes est égale à celle des moyens. Ainsi, dans la proportion par différence suivante : 8.6:5.3 la somme des extrêmes 8+3=11, et celle des moyens 6+5 = aussi 11. En effet, le nombre 8 qui forme l'antécédent du premier rapport est égal à 6+2, et celui du second est égal à 2+3, d'où il résulte que la somme des extrêmes 8+3=6+2+3, et celle des moyens 6+5=6+2+3. Ces deux sommes sont donc évidemment égales, puisqu'elles sont composées des mêmes nombres.

D'où il suit que si l'on connaît trois termes d'une équidifférence ou d'une proportion par différence, il est facile de calculer le quatrième ; pour cela, si l'inconnu est extrême, il faut additionner les moyens et en soustraire l'extrême connu, le reste égale l'extrême inconnu ; si c'est un moyen qui soit inconnu, il faut soustraire le moyen connu de la somme des extrêmes, et le reste égale le moyen inconnu.

Premier cas.

Soit à trouver le quatrième terme de l'équidifférence suivante.

Exemple : 7 . 10 : 12 . x.

Solution : 10 + 12 = 22 — 7 = réponse : 15.

Deuxieme cas.

Exemple : 8 . 12 : x . 22.

Solution : 8 + 22 = 30 — 12 = réponse : 18.

Lorsque les deux moyens d'une proportion par différence sont égaux, comme dans 8.11:11.14, elle prend le nom de *proportion* ou *équidifférence continue*, on a alors $8+14=11+11$.

Pour trouver le terme moyen d'une proportion continue, on divise par 2 la somme des extrêmes ; ainsi on trouverait le terme moyen de l'équidifférence suivante : $8 . x : x . 14$.

Par cette solution : $2x = 8 + 14$,

$$\text{donc} \quad x = \frac{8 + 14}{2} = \text{réponse} : 11.$$

C'est ce qu'on appelle une *moyenne arithmétique*, qu'il ne faut pas confondre avec la *moyenne proportionnelle*.

Propriété des proportions par quotient.

Les principales propriétés des proportions par quotient sont les suivantes :

1° Le produit des moyens est égal au produit des extrêmes.

Soit la proportion $2 : 4 :: 3 : 6$. En exprimant chaque rapport par une fraction, nous avons $\frac{2}{4}$ et $\frac{3}{6}$, et ces deux fractions, réduites au même dénominateur, seront $\frac{12}{24}$ $\frac{12}{24}$. Or, par cette opération, nous n'avons pas troublé la proportion ; en la rétablissant, nous avons $12 : 24 :: 12 : 24$, mais les facteurs des moyens sont les mêmes que ceux des extrêmes ; donc, etc.

Il résulte de là qu'on peut changer l'ordre des termes d'une proportion sans la troubler, pourvu que, dans celui dans lequel on l'a établie, le produit des moyens soit toujours égal à celui des extrêmes. Ainsi, la proportion ci-après peut avoir toutes les formes suivantes :

$$12 : 3 :: 20 : 5 \qquad 5 : 20 :: 3 : 12$$
$$12 : 20 :: 3 : 5 \qquad 5 : 3 :: 20 : 12$$
$$3 : 12 :: 5 : 20 \qquad 20 : 12 :: 5 : 3$$
$$3 : 5 :: 12 : 20 \qquad 20 : 5 :: 12 : 3$$

En effet, dans tous ces arrangements, le produit des extrêmes et celui des moyens est toujours l'un des deux produits $12 \times 5, 3 \times 20$.

Donc, pour avoir un extrême inconnu, il faut faire le produit des moyens, et le diviser par le moyen connu, le quotient donnera le terme demandé.

Soit à trouver le quatrième terme de cette proportion : $15 : 5 :: 21 : x$.

Solution :
$$\frac{5 \times 21 = 105}{15} = 7$$

En effet, 15, qui est ici diviseur, est le facteur d'un produit égal à celui de 5 par 21 ; mais, en divisant un produit par l'un de ses facteurs, l'autre facteur vient au quotient ; donc, pour avoir un extrême inconnu, etc.

Soit encore cet autre exemple : $18 : 24 :: x : 28$.

Solution :
$$\frac{18 \times 28 = 504}{24} = 21$$

En effet, le diviseur 24 est le facteur d'un produit égal à celui de 18 par 28 ; mais, en divisant un produit par l'un de ses facteurs, il vient au quotient l'autre facteur ; donc, pour avoir un moyen inconnu, il faut, etc.

2° Si l'on ajoute chaque conséquent à son antécédent, ou si on l'en retranche, la proportion est encore existante.

Soit la proportion : 12 : 10 :: 48 : 40.

La différence des deux termes du premier rapport est 2 (12 — 10 = 2); celle des deux termes du second est 8 (48 — 40 = 8) ; donc on a 2 : 10 :: 8 : 40.

Il est évident que ces quatre termes forment encore une proportion. En effet, en retranchant les conséquents des antécédents on a diminué les deux rapports ; ils sont cependant demeurés égaux.

Au contraire, les rapports seraient augmentés et seraient encore égaux , si on ajoutait chaque conséquent à son antécédent.

3° La somme des antécédents est à la somme des conséquents comme un antécédent est à son conséquent.

Soit la proportion : 4 : 2 :: 6 : 3 ; on peut changer les moyens de place et écrire : 4 : 6 :: 2 : 3 ; on peut ensuite ajouter chaque conséquent à son antécédent, et on aura : 4 + 6 : 2 + 3 :: 6 : 3.

S'il y avait un plus grand nombre de rapports égaux , on le démontrerait de même.

4° Si l'on multiplie ou si l'on divise l'un des rapports, ou tous les deux , par un même nombre, la raison entre les termes de chaque rapport sera toujours la même, et par conséquent on n'aura rien changé à la proportion.

Soit les deux rapports : 6 : 2 et 9 : 3 formant la proportion 6 : 2 :: 9 : 3.

Remarquons d'abord que, dans chacun de ces rapports, la raison peut être exprimée par une fraction, par exemple : 6 : 2 par $\frac{6}{2}$ et 9 : 3 par $\frac{9}{3}$.

Mais on a vu que, lorsqu'on multiplie les deux termes d'une fraction par un même nombre, on ne trouble pas le rapport qui existe entre eux ; donc, si l'on multiplie, etc.

Par une suite nécessaire, si l'on divise les deux termes d'un rapport par un même nombre, la raison ne sera pas changée.

5° Si on multiplie, ou si l'on divise les deux antécédents ou les deux conséquents par un même nombre, la proportion ne sera pas troublée. Dans la proportion suivante, par exemple : 4 : 2 :: 6 : 3, si nous multiplions 4, qui contient deux fois 2, par 3, par exemple, nous aurons pour produit 12 qui contiendra deux fois 2 autant de fois que le nombre 3 contient d'unités, c'est-à-dire six fois ($\frac{12}{2} = 6$) ; mais, en multipliant par 3 le nombre 6 qui contient 3 deux fois, nous aurons aussi un produit qui contiendra deux fois 3 autant de fois qu'il y a d'unités dans 3, c'est-à-dire six fois ($\frac{18}{3} = 6$). On le démontrerait d'une manière analogue pour les conséquents.

Par une suite nécessaire, si l'on divise au lieu de multiplier, la même propriété aura lieu.

6° Quand on multiplie terme à terme deux proportions, les produits résultant de ces opérations forment encore une proportion. Par exemple, soit les deux proportions :

$$3 : 6 :: 4 : 8$$
$$5 : 7 :: 15 : 21$$

$$\overline{15 \quad 42 \qquad 60 \quad 168}$$

Les quatre produits forment la proportion 15 : 42 :: 60 : 168.

En effet, les deux proportions 3 : 6 :: 4 : 8 et 5 : 7 :: 15 : 21 donnent les égalités

$$\frac{3}{6} = \frac{4}{8} \quad \text{et} \quad \frac{5}{7} = \frac{15}{21}$$

et, en multipliant terme à terme ces deux égalités, on aura :

$$\frac{3 \times 5}{6 \times 6} = \frac{4 \times 15}{8 \times 21} \quad \text{ou} \quad \frac{15}{42} = \frac{60}{168}, \text{ donc, etc.}$$

Règle de trois.

La règle de trois est une opération à laquelle donne lieu l'énoncé d'un problème qui renferme quatre termes d'une proportion, dont trois étant connus servent à découvrir le quatrième.

Nous ne reconnaîtrons ici que deux sortes de règles de trois.

Celles dont chaque terme n'est composé que d'un seul nombre, et que nous appellerons pour ce sujet, *règles de trois simples*, et celles dont deux termes, quelquefois les quatre, sont composés de plusieurs nombres, nous les nommerons *règles de trois composées*, et elles renfermeront les quatre autres espèces, c'est-à-dire : la directe simple, l'inverse simple, la directe double, et l'inverse double.

En général, les règles de trois peuvent être résolues en faisant usage des propriétés des proportions, ou sans employer ces propriétés.

Résolution des règles de trois simples sans faire usage des propriétés des proportions.

Pour opérer, sans employer les proportions, un problème qui renferme une règle de trois, on divise la quantité qui est seule de son espèce par celle qui l'a produite ou qu'elle produit elle-même, et on multiplie le quotient par le troisième terme. Cette méthode est justifiée par le raisonnement qui suivra ce problème.

Règle de trois simple.

Premier exemple : 6 hommes ayant fait 42 mètres d'ouvrage, combien 10 hommes en feront-ils durant le même temps ?

Si je connaissais l'ouvrage que chaque homme a fait, je le multiplierais par 10, nombre d'hommes qui doivent être employés pour faire l'ouvrage demandé, ce qui donnerait la réponse ; mais je connais l'ouvrage que 6 hommes ont fait, et je cherche celui d'un seul ; cette première question demande donc une division, et le quotient donnera l'ouvrage d'un seul homme ; pour avoir celui de dix, il suffit de répéter dix fois cette quantité, ce qui exige une multiplication.

Deuxième exemple : onze mesures de blé coûtent

68 francs ; combien coûteront 15 mesures du même blé ?

Je divise 68 par 11 , et j'ai 6 francs $\frac{2}{11}$ pour le prix de la mesure ; je multiplie ce nombre par 15 , et j'ai $\frac{1020}{11}$ pour réponse.

Comme cette méthode renferme quelques difficultés à cause des fractions qui peuvent résulter de la division , on peut , pour les éviter , commencer par la multiplication. Ainsi , dans le premier exemple , je multiplie 42 par 10 et j'ai 420 , mais 420 est l'ouvrage de 6 hommes , j'ai donc un produit six fois trois fort ; pour le réduire à sa juste valeur, il faut donc le diviser par 6. En appliquant le même raisonnement au second exemple , on aurait :

$$\frac{15 \times 68}{11} = 92 \frac{8}{11}$$

L'exemple suivant renferme une règle de trois composée.

Combien faudra-t-il de jours à 8 hommes qui travaillent 10 heures par jour, pour faire un ouvrage de 25 mètres de longueur et de 2 de largeur, sachant que 6 hommes ont fait en 15 jours, travaillant 12 heures par jour, 30 mètres d'un autre ouvrage qui a 3 mètres de largeur.

Résolution des règles de trois par les propriétés des proportions.

Pour résoudre les règles de trois en faisant usage des proportions , il faut considérer d'abord que tout problème de ce genre renferme deux rapports.

Soit, par exemple, le problème précédent : 11 mesures de blé coûtent 68 francs, combien coûteront 15 mesures du même blé ?

En divisant 68 par 11, j'aurai le prix de la mesure de blé ; mais si je connaissais le prix des 15 mesures, en le divisant par 15, j'aurais également le prix d'une mesure, lequel doit être égal dans les deux cas ; or, le quotient de chacune de ces divisions exprime le rapport qui règne entre les deux termes, et, comme il est le même, j'en conclus que ces quatre termes forment une proportion que l'on peut écrire ainsi, $11 : 68 :: 15 : x$. Le produit des moyens divisé par l'extrême connu donnera la réponse.

Pour placer convenablement les nombres qui composent les règles de trois, quand on veut les résoudre par les proportions, il faut avoir soin d'écrire les deux rapports dans le même ordre, c'est-à-dire qu'ils doivent commencer tous deux par les antécédents ou par les conséquents : on remplace le terme inconnu par x.

Exemple : Lorsque 140 francs sont le prix de 14 mètres de drap, combien faudra-t-il payer pour 20 mètres du même drap ?

Solution : 140 francs : 14 mètres :: x francs : 20 mètres.

Je compose le premier rapport des francs et des mètres qu'ils ont donnés, le second doit être composé de la même manière ; mais, ne connaissant pas les francs de ce second rapport, je les remplace par l'x; l'inconnu se trouvant aux moyens, je fais le produit des extrêmes 140 et 20, il est de 2 800 que je divise par 14, et j'ai pour réponse 200.

Autre exemple : Combien faut il payer pour 280 mètres de toile lorsque pour 850 francs on en reçoit 170 mètres ?

Solution : x : 280 :: 850 : 170. Réponse 1400 fr.

Le premier terme du problème étant inconnu, je le remplace par l'x, et je mets son antécédent au deuxième terme. Je compose le deuxième rapport comme le premier, commençant par les francs. Comme l'x est un extrême, je fais le produit des moyens 280 et 850, il est de 238 000 que je divise par 170 ; la réponse est 1 400.

Autre exemple : 36 mètres de drap coûtent 216 francs, combien 40 coûteront-ils ?

Solution : 36 : 216 :: 40 : x. Réponse 240.

Autre exemple : Combien faut-il payer pour 16 mesures de blé lorsqu'on paie 48 francs pour 4 mesures ?

Solution : x : 16 :: 48 : 4. Réponse 192.

Autre exemple : Pour 800 francs on a 160 mètres de drap : combien coûteront 200 mètres ?

Solution : 800 : 160 :: x : 200. Réponse 1 000.

Autre exemple : Que coûteront 46 pièces de vin si l'on paie 1 800 francs pour 12 pièces du même vin ?

Solution : x : 46 :: 1 800 : 12. Réponse 6 900 fr.

Autre exemple : En 15 jours on fait 120 mètres d'ouvrage : combien en fera-t-on en 20 jours ?

Solution : 15 : 120 :: 20 : x. Réponse 160.

Autre exemple : Avec 64 mètres de drap on fait 16 habits : combien en fera-t-on avec 40 mètres ?

Solution : 64 : 16 :: 40 : x. Réponse 10.

Autre exemple : Combien 140 mètres de toile coûteront-ils, lorsque pour 170 francs on en a 85 mètres ?

Solution : 140 : x :: 85 : 170. Réponse 280.

On fait la preuve de la règle de trois par une autre règle de trois dans laquelle on change de place l'inconnu ; s'il était au 4e terme dans la règle, on le met au 2e dans la preuve ; s'il était au 3e terme, on le met au 1er, et réciproquement.

Pour faire la preuve de l'avant-dernier exemple, je mettrai donc, 64 : x :: 40 : 10 ; l'opération doit donner 16 pour réponse ; et pour la preuve du dernier exemple, je mettrai, 140 : 280 :: 85 : x, et l'on doit trouver 170 pour réponse.

Règle de trois composée.

La règle de trois composée, comme nous l'avons dit, est celle dans laquelle plusieurs quantités concourent à former un même antécédent ou un même conséquent.

Exemple : 6 hommes en 24 jours, travaillant 8 heures par jour, ont fait 456 mètres d'ouvrage, on demande combien en feront 5 hommes en 20 jours, travaillant 10 heures par jour ?

Dans ce problème, 6 hommes, en 24 jours,

feront 144 journées, lesquelles à raison de 8 heures, ont 1 152 heures. C'est donc en 1 152 heures qu'on a fait 456 mètres d'ouvrage. Dans le second rapport, 5 hommes, pendant 20 jours, feront 100 journées à raison de 10 heures $=1\,000$ heures : ce qui revient à cette solution : $6 \times 24 \times 8 : 456 :: 5 \times 20 \times 10 : x$, ou $1\,152 : 456 :: 1\,000 : x$; par où l'on voit que les hommes, les jours et les heures dans chaque rapport ont concouru à former l'antécédent.

Après avoir rappelé à trois termes les règles de trois composées, on les opérera comme les simples, par la division et la multiplication, et réciproquement, ou par les proportions, écrivant pour premier rapport celui des deux que l'on veut, et de la manière que l'on veut, ayant soin de mettre dans un même terme toutes les quantités qui concourent à produire le même antécédent et le même conséquent, et de désigner les multiplications par le signe $\times$: on écrit le second rapport de la même manière et dans le même ordre que le premier, et l'on met x à la place que doit occuper dans la proportion le terme inconnu ; si l'x se trouve dans les moyens, on fait le produit de tous les nombres qui composent les extrêmes, et on le divise par celui de tous les moyens connus ; s'il est dans les extrêmes, on fait le produit des moyens, et on le divise par celui des extrêmes connus ; le quotient donne la réponse.

Exemple : 12 hommes ayant entrepris un ouvrage en ont fait le moitié en 14 jours, après quoi 4 d'entre eux sont tombés malades : combien faudra-t-il de temps aux 8 autres pour l'achever ?

Solution : 12 heures $\times$ 14 jours : 1 ouvrier :: 8 $\times$ x : 1.

Multipliez 12 par 14, et divisez par 8. Réponse 21.

Deuxième exemple : 122 mètres ont été faits par 8 hommes en 6 jours : combien 20 hommes en 12 jours en feront-ils ?

Solution : 122 : 8 $\times$ 6 :: x : 20 $\times$ 12 jours.

Dans la solution ci-dessus l'x étant aux moyens, je fais le produit des extrêmes, et je le divise par celui des moyens connus ; le quotient donne pour réponse 610 mètres.

Troisième exemple : Un maître maçon s'est engagé à faire les murs d'un bâtiment en 30 jours : pendant les 18 premiers jours 12 ouvriers, travaillant 10 heures par jour, en ont fait la moitié, c'est-à-dire 150 mètres : combien faudra-t-il employer d'ouvriers qui travailleront 11 heures pra jour, pour finir l'ouvrage dans les 12 jours qui restent ?

Solution : 12 ouvriers $\times$ 18 jours $\times$ 10 heures : 150 mètres :: $x \times$ 12 $\times$ 11 : 150.

Le 2ᵉ et le 4ᵉ terme étant les mêmes, on les remplace par l'unité ; on supprime aussi le nombre 12 qui se trouve dans le 1ᵉʳ et le 3ᵉ terme, et l'opération se réduit à multiplier 18 par 10, et divisez ce produit par 11. La réponse est 16 ouvriers, plus un dix-septième qui ne fera que les $\frac{4}{17}$ de l'un des 16 premiers.

Quatrième exemple : J'ai fait transporter 200 kilogrammes de marchandises à 600 kilomètres pour 450 francs ; combien en ferait-on transporter pour 227 fr. 20 c. à 900 kilomètres ?

Solution : $200 \times 600 : 450 :: x \times 900 : 227,20$; x étant aux moyens, je fais le produit de tous les extrêmes, et je le divise par celui de tous les moyens connus.

FIN.